ENQUÊTE AGRICOLE

ET USAGES LOCAUX

DU CANTON DE MAREUIL.

ENQUÊTE AGRICOLE

ET

USAGES LOCAUX

DU CANTON

DE MAREUIL-SUR-BELLE

(Dordogne)

PAR A. DESCOURADES,

JUGE DE PAIX.

PÉRIGUEUX

J. BOUNET, IMPRIMEUR-LIBRAIRE

1864

A M. LADREIT DE LACHARRIÈRE,

PRÉFET DU DÉPARTEMENT DE LA DORDOGNE, COMMANDEUR DE LA
LÉGION-D'HONNEUR.

Monsieur le Préfet,

Il est du devoir de l'auteur d'une Enquête agricole d'en faire hommage à l'administrateur du département où se passent les faits qu'elle signale, afin que ce haut fonctionnaire puisse prescrire les mesures à prendre pour rendre le pays plus prospère.

Je viens donc, Monsieur le Préfet, vous offrir mon ouvrage, en vous priant de vouloir bien en accepter la dédicace.

A vous, Monsieur le Préfet, dont l'amour pour la chose publique caractérise si bien et l'homme d'élite et l'homme de cœur.

Je suis avec le plus profond respect,

Monsieur le Préfet,

Votre très-humble et très-obéissant serviteur.

DESCOURADES,

Juge de paix de Mareuil-sur-Belle.

AVANT-PROPOS.

———

Président d'une Commission de statistique agricole, j'ai adressé à Son Excellence M. le ministre de
l'agriculture, à la date du 6 février 1863, le résumé
de plusieurs années d'études d'économie politique
et rurale.

Son Excellence ayant bien voulu m'honorer d'une
réponse des plus bienveillantes, le 26 du même
mois, en m'invitant à continuer mon travail, de
nouveau je me suis mis à l'œuvre.

Enfin, deux autres lettres, l'une du 4 mars de la
même année, et l'autre du 9 avril 1864, me déci-
dent à livrer ce travail à la publicité, d'autant plus
que la plupart de mes idées ont été reproduites par
d'autres personnes et que la question du colonage,
que j'avais traitée en 1852, est devenue plus vivace,
ce qui m'a obligé à lui donner tout le développement qu'elle comporte au point de vue de la pratique, des rapports du maître avec le colon et du
progrès agricole.

Je sais que la publicité appelle la critique; je

n'essaierai point de m'y soustraire : de la discussion peut naître la lumière; mais quel que soit le sort qui m'attend, le sentiment de ma dignité et de mon dévoûment à mon pays dominera, dans mon esprit, toute la situation.

Je livre donc cet ouvrage avec confiance au public. On trouvera dans mes réponses au questionnaire de M. le ministre des renseignements utiles, soit sur les usages locaux, soit sur les droits respectifs des propriétaires, des colons; de sorte que, chacun se renfermant dans les limites tracées par la loi, on ne se jettera pas aussi aveuglément dans les procès et les inimitiés de voisinage.

Et pour donner quelque attrait à un travail aussi aride, j'y ai introduit des proverbes et des dictons, deux historiettes agricoles et quelques aperçus sur la truffe, ce tubercule si puissant, dont je fais connaître l'origine et dont l'exploitation doit être soumise à des règles que j'indique. Je me suis dit : Quel est le but d'une enquête agricole ? C'est de faire connaître les ressources d'un pays, ses diverses productions, les améliorations qu'on pourrait y faire; signaler les causes, les usages de nature à les retarder; c'est enfin une carte à développer, avec notes explicatives, autant que possible, pour savoir si ce pays est ou serait susceptible d'atteindre les conditions des autres.

Pour mener ce travail à bonne fin, je me suis appuyé sur l'expérience de douze années d'exercice comme notaire et de seize années comme juge de

paix. — Si l'entreprise était au-dessus de mes forces,
on avouera, d'après les trois lettres ministérielles
qui suivent, que j'ai pu me faire quelque illusion
sur son utilité, et l'on me tiendra compte au moins
de l'intention.

LETTRES DE M. LE MINISTRE.

1re « Paris, le 10 février 1863.

» M. le président, j'ai reçu la copie de l'enquête agricole
» du canton de Mareuil, pour l'année 1862, que vous m'a-
» vez fait l'honneur de m'adresser le 6 de ce mois.

» Je vous prie de recevoir tous mes remercîments pour le
» zèle dévoué que vous avez apporté à la préparation de cet
» important travail et pour les intéressantes observations que
» vous avez bien voulu y joindre.

» Je regrette que le rapport statistique agricole que vous
» rappelez avoir fait en 1852, et auquel vous vous référez
» pour certaines questions dans votre nouveau travail, n'ait
» pu être retrouvé dans mes bureaux, je vous serai obligé
» de vouloir bien m'en adresser une copie, si vous en avez
» conservé l'original.

» Recevez, etc.

» *Le ministre de l'agriculture, du commerce*
et des travaux publics,

» Signé : Armand BÉHIC. »

2e « Paris, le 4 mars 1863.

» M. le président, j'ai reçu le travail complémentaire que
» vous avez bien voulu m'adresser le 26 février dernier,
» touchant le résultat de l'enquête agricole de 1862 dans
» votre canton.

» Je vous remercie particulièrement de ces nouvelles et
» très-intéressantes observations.

» Recevez, etc.

> » *Le ministre de l'agriculture, du commerce*
> *et des travaux publics,*
>
> » Signé : Armand BÉHIC. »

3ᵐᵉ   « Paris, le 9 avril 1864.

» M. le président, j'ai pris connaissance, avec beaucoup
» d'intérêt, du travail que vous avez bien voulu me faire
» remettre, sous le titre de *Supplément à l'enquête agricole*
» *du canton de Mareuil-sur-Belle pour 1862.*
» Je vous remercie de cette excellente communication,
» que j'ai fait classer parmi les documents les plus utiles à
» consulter de mon ministère.

» Recevez, etc.

> » *Le ministre de l'agriculture, du commerce*
> *et des travaux publics,*
>
> » Signé : Armand BÉHIC. »

Ceci dit, sans prétention comme sans faiblesse,
j'entre en matière.

ENQUÊTE AGRICOLE

DU CANTON DE MAREUIL.

Avant 1789, le Périgord n'était guère connu que par ses vieux manoirs, perchés sur des coteaux arides, ou perdus dans les bois et les forêts.

Occupés par des chasseurs intrépides possédant presque tout le territoire, on ne faisait point d'agriculture ; à peine si on cultivait les vallons ; aussi disait-on : *Le Périgord Noir*.

Mais les prérogatives féodales, les droits de prélation, d'aînesse et tant d'autres attachés à la noblesse, ayant été détruits, le morcellement et la division de la propriété arrivèrent bientôt, et, avec eux, les progrès de toute nature.

Dès-lors, chacun se mit à l'œuvre et fit de cette agriculture facile et qui ne coûte rien, sans ces amendements, ces engrais, ces instruments perfectionnés dont on parle tant aujourd'hui.

Dans un petit pays, les ressources n'arrivent que lentement, aussi les travaux dispendieux sont-ils continuellement ajournés ; voilà pourquoi nous voyons peu de drainage, de terrassements, d'irrigations, qui demanderaient une sortie de fonds assez considérable.

La superficie du canton de Mareuil est de 23,071 hectares.

Le sol est généralement pierreux : de là plusieurs villages ont tiré leur étymologie. Ainsi, nous avons Monsec, Champeyroux, Roche-Follet, Rouchatout, Chauveroche, Champellat, Lacoquille, Les Caves, Le Cramat, Planaseix (plaine à loisir, sol nu, sans végétation), Chantegrel, Chante-Allouette, etc., etc., ce qui indique un mauvais pays.

Sa population est de 10,500 âmes.

Comme nous avons peu de terres végétales, nos travaux sont durs, difficiles et coûteux. La pioche est plus efficacement employée que la charrue. La herse, le rouleau, ne produisaient que peu d'effet.

L'aridité de nos terres nous oblige à faire souvent l'inverse des autres pays ; par exemple, nous plantons nos vignes dans les plus mauvais terrains, ne pouvant produire aucune espèce de grains, les meilleures nous sont indispensables pour nos céréales et nos prairies artificielles.

Dévorés par les moindres chaleurs, nos blés, faute de nourriture, ne donnent que peu de pailles, courtes, fort minces et souvent difficiles à mettre en gerbes, ce qui porte à employer les liens de bois, cause désastreuse pour nos forêts, ainsi que nous le prouverons dans le cours du présent rapport.

Nos pailles, au lieu d'être converties en engrais, nous servent de fourrages, et sont remplacées dans nos étables par la bruyère ; inconvénient des plus graves, car une charretée de fumier de paille en vaut au moins trois de bruyère.

Nos prés, encaissés dans des vallons étroits et généralement inondés, ne produisent que des foins médiocres, un peu aigres et qui auraient besoin, pour être consommés utilement par les bestiaux, d'être mélangés d'une certaine quantité de sel.

A cet égard, nous appellerons toute l'attention du gouvernement. Le canton est traversé par plusieurs ruisseaux : *La Lizonne, La Belle, Fougrand, Le Boulou*, eaux froides et prenant leur source dans le pays. Sur ces ruisseaux sont construits des moulins à blé, trop rapprochés les uns des autres. Par esprit de rivalité, beaucoup plus que par besoin, ces moulins ont changé leurs rouages, et tous, aujourd'hui, sont à cassottes, par conséquent, prenant l'eau par la tête, ce qui oblige de tenir toujours les écluses à pleins bords ; par cela, reflux et submersion dans tous les prés, à tel point qu'on ne peut les fumer que très-tardivement, souvent même sur la fin du mois d'août ou dans le courant de septembre, après l'enlèvement des regains.

Peu de ces moulins se sont conformés à la loi sur le nivellement des eaux et la hauteur de leurs déversoirs.

Il est encore un autre vice : on néglige le curage ; les fossés auraient besoin d'être redressés, pour donner aux eaux un courant plus rapide.

A cet effet, nous étions parvenus à faire instituer deux commissions syndicales, mais elles furent arrêtées à leur naissance, la législation actuelle étant insuffisante, nous dit-on, pour forcer les propriétaires riverains à faire entr'eux les échanges nécessaires pour obtenir ce redressement.

Par suite de toutes ces choses, nos prairies sont dans le plus mauvais état.

Le manque d'éducation agricole, la routine de nos colons et le mauvais assolement en usage, font que nos terres ne se reposent jamais (plus loin nous expliquerons pourquoi) ; celles qui sont en froment cette année, seront, l'an prochain, en maïs ou en tout autre grain ; qu'arrive-t-il ? Le maïs ne se récoltant que dans le courant d'octobre, jusque même en novembre, nos semences de froment sont forcément retardées. Voici les herbes, les pluies, les gelées : nous ne faisons donc qu'un mauvais travail. Nous devrions, au contraire, semer nos froments en septembre, ou tout au moins en octobre, pour qu'ils fussent montés dans le courant de mai, avant les chaleurs qui les étranglent.

Détruire le maïs, plante vorace et absorbante, ou du moins

en restreindre la quantité, serait un bienfait ; mais les colons s'y opposeraient de toutes leurs forces : ce serait la guerre, parce qu'on a l'habitude de leur laisser, pour la nourriture des porcs, ce qu'on appelle les *épigeons*, petit maïs, équivalant au tiers de la récolte entière. Dieu sait si les porcs les mangent tous !

Nos labours se font toujours avec des bœufs, et jamais avec des chevaux ; il nous faut une marche uniforme dans un pays aussi accidenté, autrement que de lacunes on laisserait !...

La terre végétale n'ayant généralement que de seize à vingt centimètres de profondeur, il faut, pour ainsi dire, aller la chercher avec la bêche pour la porter aux pieds des plantes. Néanmoins, nous avons les plus beaux maïs du monde.

Nos vallons sont si étroits, que les ravines y font souvent un mal considérable. Ajoutons à cela de petits ruisseaux, sinueux, tortueux, presque toujours encombrés ; les eaux, ne pouvant s'écouler, deviennent stagnantes, s'infiltrent dans le sol qu'elles pourrissent, et le rendent tourbeux.

Nos engrais ont peu de substance, provenant, ainsi que nous l'avons déjà dit, de la bruyère pourrie remplaçant les pailles que nous faisons manger. Ces engrais sont courts et suivent peu de pays ; presque toujours ils sont un mélange de ceux des étables avec ceux des chemins. Froids et élavés, ils produisent peu d'effet ; nous ne pouvons les amender avec ces substances dont on parle dans les questionnaires, nous sommes trop pauvres et trop éloignés des villes pour nous les procurer. La chaux même est à un prix trop élevé.

D'où il résulte que nous ne pouvons fumer qu'une bien petite partie de nos terres. Ce qui fait encore que nous avons peu de prairies artificielles.

Néanmoins, il existe, assure-t-on, sur les bords de la Lizonne, des marnières qui, ayant été examinées par des personnes compétentes, ont été reconnues de bonne qualité et propres aux terres fortes, mais elles ne peuvent être exploitées à cause des mauvais chemins (1).

Notre territoire offre cette bizarrerie, qu'à côté d'une pièce de terre passablement bonne se trouve une friche de nulle valeur, des broussailles sans produit et qui ne sont propres qu'à un pacage fort maigre, dévoré par le soleil.

Il est ainsi divisé d'après les pièces cadastrales du canton :

Terres labourables............	8,420 hectares.
Prés naturels et pacages........	1,496
Vignes......................	2,603
Bois........................	6,604
Jardins.....................	102
Vergers.....................	406
Autres superficies cultivables...	2,931
Superficies non-cultivables.....	509
Ensemble.....	23,071 hectares.

Le nombre des exploitations est de 1,788, dont 29 de plus de cent hectares.

Par ce qui précède, on voit notre position quant à la distribution du sol.

Pour suppléer à la disette et à la mauvaise qualité du foin de nos prés naturels, nous voudrions faire des prairies artificielles, mais nos colons, qui, à la vérité, ne sont avec nous qu'à *titre précaire* pour un an ou deux, se dressent contre nous et s'y opposent fortement, en alléguant qu'on leur enlèverait les meilleures terres pour leurs céréales. *C'est un peu vrai.* Mais ce serait un bienfait pour celui qui sortirait ou qui entrerait dans le domaine. Il n'y aurait de chères que les deux premières années, car, après ce temps, il pourrait défricher et semer ailleurs pareille quantité, pour ainsi

(1) Depuis que nous avons écrit ces lignes, une de ces marnières a été découverte; elle est située dans la propriété de Lacaud, commune de Puyrenier, et l'analyse en a été faite par M. Sicaud, pharmacien à Mareuil.

continuer; par ce moyen, il doublerait ses fourrages et ses autres produits.

Nous y arriverons peu à peu, l'avantage ne pouvant être méconnu de personne. Seulement, le propriétaire bien avisé doit faire les avances pour l'achat des graines, le colon n'aimant point à débourser son argent.

Nous le voyons, notre système de colonage est des plus vicieux; il arrête toute espèce de progrès; le colon est toujours inquiet sur le temps qu'il doit rester, par conséquent il n'entreprend rien de sérieux. Les vignes et les prés en souffrent énormément; en un mot, il ne pense qu'à ses terres, où il porte tous ses fumiers.

Passer des baux à longues années, il y aurait danger, car bien souvent on tombe sur un mauvais colon, dont on est fort aise de se débarrasser au plus tôt. Mais que faire dans un petit pays? de l'agriculture par soi-même, cultiver de ses propres mains, avoir des domestiques et des ouvriers? Ceux qui l'ont tenté ont eu lieu de s'en repentir. C'est bien dans les contrées riches et fertiles, qui paient avec usure les sacrifices que l'on fait; mais dans le canton de Mareuil, non... Laissez aller les choses telles qu'elles existent depuis des siècles, seulement surveillez, modifiez, innovez peu à peu, votre budget à la main, vous serez prudent.

Exemple : Supposez un domaine de 20,000 fr., donna-t-il 12 1/2 p. %, ce qui se voit rarement, mais soit... 2,500^f »^{c}

Il faut au moins six personnes pour son exploitation.

Or, trois hommes, à 180 fr. l'un, et trois femmes, à 80 fr., donnent la somme de. 780^f »^{c}

La nourriture ci-après détaillée... 1,222 75

Impôts........................ 100 »

Entretien des instruments aratoires, fers de bœufs, maladies, pertes, couvertures des bâtiments, etc. Le tout peut être évalué assurément à....... 150 »

} 2,252 75

RESTE........ 247^f 25^c

Encore faut-il admettre qu'on n'éprouve aucun sinistre...
et la surveillance !

Évaluation de la nourriture.

Pain, sept cent cinquante grammes par jour pour chacun,
à 22 centimes.......................... 1ᶠ 65ᶜ

Boisson................................. » 50

Viande, un seul repas, 125 grammes pour chacun. » 90

Huile, graisse, légumes, à 5 centimes......... » 30
____

3ᶠ 35ᶜ

Année, jours................ 365
à 3 fr. 35 c. l'un............ 3ᶠ 35ᶜ
____

1,222ᶠ 75ᶜ

Les colons ! mais ce sont bien les enfants de la terre ; ils
ne connaissent qu'elle, ils n'ont pas d'autres plaisirs ! Sans
cesse vêtus des habits les plus grossiers, et encore ont-ils
des dettes !

Encourager les colons, faire des sacrifices pour eux, leur
accorder des primes dans les comices agricoles, serait le
moyen d'arriver à une meilleure position et d'arrêter, peut-
être, ces émigrations qui, depuis quelques années, portent
la jeunesse dans nos grandes villes.

Le bail aux colons eux-mêmes vaudrait-il mieux ? En af-
fermant à longues années, moyennant un prix en denrées,
bien entendu, pour avoir presque toujours un gage sous la
main, on exciterait, peut-être, chez eux ce zèle si nécessaire aux cultivateurs. Alors ils n'auraient plus la crainte de
traîner leur misérable existence de domaine en domaine et
de charrier annuellement le plus chétif des mobiliers.

Débarrassé d'une surveillance gênante, le colon ferait-il
mieux ? C'est probable ; car ce serait principalement pour
lui qu'il travaillerait. Les vignes et les prairies surtout y
gagneraient.

Mais quelle garantie pour les cheptels, les semences, les
outils aratoires, etc... La bonne foi... pas autre chose.

Dans tous les cas, ces nouveaux fermiers vaudraient bien autant que ces demi-bourgeois qui ne font rien, espérant trouver dans vos domaines assez de ressources pour alimenter leur vie oiseuse, courant les foires et les marchés, laissant tout en ruine ; il faut continuellement plaider avec eux.

Nous pourrions, à cet égard, citer les meilleures autorités.

Au sujet du colon à moitié fruits, l'expérience nous a démontré qu'il est fort prudent de lui donner un livre, image fidèle de celui du maître et où seraient établis, jour par jour, les articles de recettes et de dépenses, car lorsqu'on vient à règlement, il est très-rare qu'il n'y ait pas discussion, le colon *manquant souvent* de mémoire. D'ailleurs, où serait le contrôle ?

Cela posé, revenons à l'objet principal qui nous occupe et qui est de démontrer les progrès agricoles opérés dans la dernière période de dix ans, c'est-à-dire de 1852 à 1862.

Je vais l'établir aussi clairement que mon intelligence me le permettra, en divisant le travail de la manière suivante :

CÉRÉALES et autres farineux alimentaires.	CONTENANCES en hectares.		PRODUITS en hectares.		DIFFÉRENCE en plus.
	1852	1862	1852	1862	
Froment............	4,048	3,930	24,288	28,649	4,361 hectares.
Méteil.............	néant.	60	»	506	506
Seigle............	id.	59	»	575	575
Orge............	id.	58	»	714	714
Avoine............	319	758	3,190	9,141	5,951
Maïs.............	1,842	1,783	18,420	23,019	4,599
Pommes de terre	907	713	27,210	46,478	19,268

Nous ne parlerons ni des légumes, ni des châtaignes, leurs produits sont à peu près les mêmes que ceux des dernières années. Du reste, les châtaigneraies tendent à disparaitre journellement; on les défriche pour y planter de la vigne ou semer des fourrages qui doivent être mangés en verts; il en est de même de nos terrains en chenevières, qui ne donnent que très-peu, quoiqu'ils coûtent beaucoup. D'ailleurs, nos chanvres ne peuvent être comparés à ceux de nos voisins de la Charente, infiniment plus beaux, et qu'ils livrent, pour ainsi dire, au même prix.

Si certaines choses sont restées stationnaires, il n'en est pas ainsi des cultures potagères et maraîchères. Nos marchés sont aujourd'hui abondamment pourvus, lorsqu'autrefois on ne se livrait à aucune espèce de négoce à ce sujet.

La cause en est peut-être à ce que certains propriétaires, voulant donner de l'agrément à leurs maisons, ont détruit leurs terrains potagers pour en faire des vergers, des jardins anglais, des promenades, des allées, et que, par suite, ils sont obligés de s'approvisionner chez les jardiniers ; et puis, il faut le dire, on vit mieux qu'autrefois.

Nous ne disons rien de l'huile ; l'année 1862 a été des plus désastreuses pour ce produit : la gelée et la grêle ont fait le plus grand mal.

Au sujet de ce chapitre, je dirai que les propriétaires, mieux instruits qu'autrefois, arrachent leurs vieux noyers qui étaient au milieu de leurs terres et dont l'ombrage causait tant de mal, ces centenaires, qui ne produisaient rien et qui n'étaient propres qu'au refuge des hiboux, pour les planter sur les bords des chemins, en ayant soin de les enter des meilleures espèces.

	CONTENANCES en hectares.		PRODUITS en quintaux métriques.		
	1852	1862	1852	1862	
Prés naturels et pacages	1,246	1,496	47,348	71,304	
Prairies artificielles......	228	798	5,700	22,533	
Vignes......	1,732	2,603	25,980	39,033	14,065

Par les tableaux d'autre part, on voit à peu près les divers changements que le sol a éprouvés et les différences dans ses produits. Tout prouve, d'une manière certaine, des améliorations sensibles.

L'année 1862 a été cependant des plus médiocres ; il est vrai que 1852 ne valait pas mieux.

Nous ne parlerons point de la valeur de nos céréales ; elle est assez connue ; d'ailleurs, nous n'avons pu, jusqu'à ce jour, en exporter qu'une petite quantité, 10,000 hectolitres, par exemple (1), qui, à 22 fr. l'un, donnent...   220,000^f

HARICOTS SECS.

Il a été dit dans le premier rapport, qui est entre les mains de M. le ministre, que le campagnard mangeait peu de viande et qu'il consommait tous ses légumes ; cependant, les possesseurs de terre depuis 40 hectares jusqu'à 100 et au-dessus vendent leur excédant ; or, ces possesseurs sont au nombre de 180, à quatre hectolitres chacun, nous trouvons 720 hectolitres, qui, à 22 fr. l'un, cours du froment, donnent..............................   15,840

VINS.

Nous avons 2,603 hectares de vignes, à 15 hectolitres de vin par chaque année ordinaire (2).

On peut donc compter d'en offrir au commerce de 32 à 35,000 hectolitres, soit 35,000, qui, à 30 fr. l'un, représentent............   1,050,000

Dans la réserve que je fais pour la consommation de la localité, je ne tiens pas compte

A Reporter........   1,285,840^f

(1) Voir au titre : *Alimentation des Hommes.*
(2) Le docteur Guyot reproduit exactement le même chiffre.

Report......   1,285,840ᶠ

de la grande quantité de piquettes, boisson presque exclusive des cultivateurs.

L'orge, l'avoine, la presque totalité des pommes de terre et un tiers du maïs, servent à l'alimentation des hommes.

BOIS A BRULER.

D'après la statistique de 1852, le stère de bois à brûler fut porté à 4 fr. 50 c. ; aujourd'hui, il est à 7 fr. Or, nous avions à cette époque 18,038 stères, ce qui donne, au cours actuel...............................   126,266

Le produit, quant à la quantité, n'a point diminué; les bois, au contraire, sont un peu mieux aménagés ; on a également un peu réduit, ainsi qu'on le verra ci-après, le nombre des brebis, cause désastreuse de nos forêts. La plupart de ces bois, carbonisés, s'écoulent aux forges impériales de Ruelle et des environs.

BOIS D'ŒUVRE.

On a porté à 801 stères le bois d'œuvre, à 33 fr. l'un, nous trouvons un produit de.....   27,033

MERRAINS ET CERCLES.

Mais on n'a point parlé de nos merrains et de nos cercles, qu'on peut faire figurer au moins pour pareille somme, soit...........   27,033

HUILES.

Nous n'avons point eu d'huile cette année; cependant, on peut affirmer qu'il s'en expédie, terme moyen, chaque année, au moins pour...............................   50,000

A reporter...   1,516,172ᶠ

Report.......... 1,561,172ᶠ

ANIMAUX DOMESTIQUES.

	1852.	1862.	En plus
Chevaux, ânes, mulets	379	844	465

BÊTES A CORNES.

	1852.	1862.	En plus
Bœufs et vaches.....	2,137	2,714	557

D'après le relevé des deux octrois établis dans le canton, il en a été livré à la boucherie du pays 106 ; reste pour le commerce étranger un chiffre de 2,608.

Sur ces 2,608 têtes, 560 ont été engraissées et expédiées pour Paris ; or, à 550 fr. l'une, on trouve la somme de.......... 308,000ᶠ

Mais comme il faut se *réatteler* au moins pour les quatre cinquièmes, à cause du peu d'élèves au-dessus d'un an, il convient de déduire pour l'achat de 448 têtes, à 350 fr. l'une, 156,000

Reste un bénéfice de..... 151,200ᶠ ci   151,200

BÊTES A LAINES.

Béliers, moutons, brebis et agneaux. En 1852, il y en avait 26,555 ; en 1862, le nombre était de 24,499; or, à 10 fr. l'un, laine comprise, on trouve 244,990 fr. On en vend le tiers annuellement, soit................

81,663

PORCS.

En 1852	de plus d'un an.... 1,776 au-dessous d'un an. 992	2,768
En 1862	de plus d'un an..... 3,102 au-dessous d'un an.. 2,644	5,746

A reporter...... 1,749,035ᶠ

Report........... 1,749,035ʳ

Augmentation pour 1862........ 2,978

Les porcs gras de 20 mois se sont vendus en moyenne 150 fr. l'un, ce qui représente une somme de.................. 465,000ʳ

Mais sur cette somme il convient de déduire un cinquième pour se *réatteler*, soit................... 93,060

Reste pour la somme de.... 372,240ʳ ci   372,240

VEAUX.

Les veaux servent généralement à la consommation du pays; leur nombre s'élève à 386. On en vend néanmoins une centaine, à peu près, aux bouchers étrangers, au prix moyen de 75 fr., ci......................   7,500

ANIMAUX DE BASSE-COUR.

Dindes, 1,063, à 5 fr.............. 5,315ʳ
Oies, 1,900, à 4 fr............... 7,600
Canards, 1,700, à 1 fr. 50 c........ 2,550
Poules et poulets, 32,116, à 1 fr. 50 c. 48,174
Pigeons, 6,272, à 40 c.. 2,509

66,148ʳ

Les trois quarts au moins sont livrés au commerce étranger, soit.................   49,615

OEUFS.

Nous portons à 32,116 le chiffre des poules et poulets ; à coup sûr, leur nombre est bien supérieur ; mais soit 32,116 poules, à 72 œufs par an, ainsi que donne une bonne pondeuse,

A Reporter....... 2,178,390ʳ

Report....... 2,178,390ᶠ

nous trouvons 192,696 douzaines d'œufs, dont
il se vend à peu près moitié, à 60 c. la douzaine, terme moyen, soit................ 57,808

ABEILLES.

Le nombre de ruches est de 1,264, estimées
à raison de 16 fr. l'une, savoir : Cire, 2 kil. à
5 fr., et 6 kil. de miel à 1 fr., soit un total de. 20,224

CULTURE POTAGÈRE ET MARAICHÈRE.

Nous l'avons dit dans notre premier travail,
chacun a son jardin, qui suffit à ses besoins ;
néanmoins, nous pouvons évaluer à 10,000 fr.
les produits des jardiniers que nous avons dans
le pays, déduction faite de leurs charges, ci.. 10,000

GIBIER.

En 1852, on porta le gibier à 1,500 pièces,
aujourd'hui à 2 francs ; mais nous devons y
ajouter au moins pour 1,000 fr. de lapins
domestiques que l'on expédie dans les villes ;
ensemble, 4,000 fr., ci.................... 4,000

POISSON.

Quant au poisson, nous n'en avons pas de-
puis que l'on a détruit les étangs, ci........ *(Mémoire.)*

TRUFFES.

Il est une chose dont on n'a jamais parlé :
ce sont les truffes ; il s'en fait, pendant les
mois de novembre, décembre, janvier, février,

A reporter...... 2,270,422ᶠ

Report.......... 2,270,422ʳ

mars et avril, un assez grand trafic qui profite plus particulièrement aux petits propriétaires ; on est obligé de les garder, pour ainsi dire, l'arme au bras.

Dans le cours du présent mémoire, nous parlerons plus longuement de ce précieux tubercule, dont nous pouvons ici porter, sans exagération, la valeur à.................. 30,000

Total des produits excédant rigoureusement nos besoins et que nous offrons à l'exportation............................ 2,300,422ʳ

Ces produits peuvent, sans doute, se trouver absorbés en partie par les frais nécessités pour l'impôt, qui est de 101,996 fr., les vêtements et autres dépenses de maison, *moins la nourriture.*

Nous ne comprenons point ici nos carrières de pierres de taille et mines de fer, qui ne sont guère exploitées, faute de voies de communication. Ces derniers produits seraient cependant considérables, surtout les carrières de pierres de taille. Le château de Larochebeaucourt, certes un des plus beaux de France, en est entièrement construit. Les architectes de Paris qui ont étudié cette pierre, l'ont trouvée parfaite ; elle est d'une blancheur éclatante et résiste aux pluies et aux gelées.

En outre, nous avons une étendue considérable de terrains, en landes principalement, qui donneraient les meilleurs résultats, mais qu'on ne peut défricher que très-péniblement.

Evidemment nous avons d'autres produits, tels que marrons, pommes, cerises, fraises, choux-fleurs, artichauts, asperges, melons, etc., mais en si petites quantités, que nous n'avons pas cru devoir en mentionner la valeur.

ALIMENTATION DES CULTIVATEURS.

Dans notre premier travail, nous avons parlé de l'alimentation des cultivateurs : elle est saine et abondante ; aussi, nos jeunes conscrits sont-ils plus forts, plus robustes que ceux des contrées voisines, le Limousin, par exemple. Les recruteurs le savaient parfaitement. (Nous avons fait connaître les éléments qui la composent, il est donc inutile de les rappeler ici.)

D'après les relevés de cette année, 1862, nous trouvons pour l'alimentation des hommes, savoir :

Froment......................	28,649$^{hect.}$	70^{lit}
Méteil........................	516	06
Seigle...........	575	25
Orge.........................	714	56
Maïs.	15,345	68
Total................	45,801$^{hect.}$	25$^{lit.}$

Or, la population du canton de Mareuil étant de 10,500 âmes, si, comme dans la troupe militaire, on donne à chaque individu 3/4 de kilogramme de pain par jour, nous trouvons qu'il faut à chaque tête 3 hect. 50 litres de blé par an, ce qui donne 36,750 hectolitres.

Il est vrai que nous ne tenons point compte du blutage (extraction du son de la farine) qui est de 20 %.

Par conséquent, notre excédant serait de 9,051 hect. 25 litr.

Nous ne parlerons point de la viande, lait et laitage, fromage et autres comestibles, vins et autres boissons. Nous ne saurions en déterminer la quantité précise.

ÉMIGRATION.

Les émigrations vers les grandes villes se font moins sentir aujourd'hui qu'autrefois ; il est vrai que les salaires des ouvriers sont plus élevés et que le confortable de la vie est

meilleur. Puis, faut-il le dire, les villes renferment trop d'é-
tablissements de perdition : un ouvrier agricole ne saurait y
vivre sans danger.

Pour maintenir ce bon esprit des campagnes, nous devons
encourager l'agriculture, instituer des comices et donner des
primes aux plus méritants.

Son Excellence M. le ministre l'a parfaitement senti, en
instituant ces concours régionaux pour 1864. Sa circulaire à
MM. les préfets en fait ressortir tous les avantages.

Déjà même nous ressentons les bons effets de pareilles
institutions ; depuis un an seulement, nous avons un comice
agricole dans le canton, et chacun aujourd'hui fait tous ses
efforts pour être primé à la fête prochaine. Soutenons donc
un si noble élan.

Les Sociétés de secours mutuels, et nous en avons une,
sont, sans contredit, d'excellentes institutions, mais elles
ne se rattachent, à proprement parler, qu'aux ouvriers des
villes, qu'elles moralisent. Pouvons-nous en attendre d'aussi
bons résultats que de nos institutions agricoles ?

Assurément, non. La campagne est riche et les bourgades
sont pauvres.

Pourquoi ?

L'homme des champs vit de peu ; laborieux, économe, il
met tout à profit.

Le citadin, au contraire, ne se prive de rien, et perd souvent, dans les cafés et cabarets, multipliés à l'infini, un temps
qui serait bien précieux pour lui et sa famille.

Un lambeau de terre est-il à vendre ? le campagnard l'a-
chète à quel prix que ce soit.

Si vous traversez nos bourgades, vous trouverez, au contraire, un grand nombre de maisons qui sont à vendre,
encore à moitié prix de ce qu'elles valaient autrefois.

Qu'on me pardonne ces réflexions, elles sont vraies, je
l'affirme.

Nous n'avons aucun établissement industriel, aucune usine, mais bien de petits moulins à blé, beaucoup trop nombreux pour le mal qu'ils font, ainsi qu'il a été dit plus haut, et quelques tuileries n'ayant éprouvé aucun changement depuis leur création.

ABATS ET ISSUES DES ANIMAUX.

D'après les renseignements pris auprès des bouchers du pays, la valeur de ces choses a été évaluée ainsi qu'il suit :

Bœuf	68ᶠ »ᶜ
Vache	45 »
Veau	9 50
Mouton	3 50
Agneau	1 50
Porc	7 »

Les renseignements pris à meilleure source nous donnent, au contraire, les résultats ci-après :

BŒUF.
Peau, poids moyen : 47 kil. 1/2   58ᶠ »ᶜ
Suif, poids moyen   50 kil.   56 »
Abats (mou, foie, rate, cervelle, langue, panse)   12 »
       126ᶠ 00

VACHE.
Peau, poids moyen : 35 kil.   45ᶠ »ᶜ
Suif, poids moyen : 20 kil.   22 40
Abats (les mêmes que pour le bœuf)   8 »
       75 40

VEAU.
Peau, poids : 7 kil. 1/2   16ᶠ 50ᶜ
Suif, poids : 4 kil.   4 80
Abats (tête, langue, cervelle, fressure et fraise)   8 »
       29 30

MOUTON.
Peau en laine (valeur moyenne)   6ᶠ »ᶜ
Suif, poids : 4 kil.   3 50
Abats (tête, langue, cervelle, pieds et rognons)   2 »
       11 50

PORC   12

Nous sommes heureux de la découverte, nous qui vendons souvent au poids ; jusqu'à ce jour, nous n'avions pas
attaché une grande importance à ces diverses choses.

JACHÈRES MORTES.

Il a été dit à leur sujet que nous n'en avions jamais ; en
effet, nos terres ne se reposent en aucun temps et se divisent
en deux soles principales. C'est probablement un défaut de
notre agriculture et une grande augmentation de travail.
Ainsi, le champ qui, cette année, est en froment, sera en
maïs l'an prochain ; il n'est rigoureusement dans l'inaction
que depuis la moisson, c'est-à-dire depuis le mois d'août
jusqu'au mois d'avril, époque où l'on sème le maïs, après
avoir donné préalablement au champ un profond labour,
quelquefois deux ; si encore, dans la transition, on n'y a
pas mis de navets ou de petits maïs comme fourrages verts,
ce qui arrive fort souvent.

De son côté, le champ en maïs, après la cueillette, est
immédiatement semé en froment, qui ne se récoltera qu'au
mois d'août de l'année suivante ; par conséquent, ce dernier
champ reste en travail depuis le mois d'avril 1862 (à cause
du maïs) jusqu'au mois d'août 1863 (à cause du froment),
seize mois ; parfois, cependant, on varie, on y sème les
pommes de terre et l'avoine, mais sur une petite échelle.

Donc, jamais de repos, tant on a peur de perdre ; il est
vrai que notre système de colonage est un grand obstacle à
toute innovation ; voilà pourquoi nous sommes si pauvres en
prairies artificielles.

Le maïs ne se récoltant qu'au mois d'octobre, en y met-
tant de suite le froment, on le place comme dans un pré,
d'où il résulte ce petit rendement auquel on ne pourrait
croire, car il est impossible de détruire alors les herbes qui,
par suite de l'arrivée des pluies et des gelées, dévorent le
bon grain.

ENGRAIS.

Les engrais, et avec eux leur conservation, ont pris un accroissement considérable, à tel point, que les landes que nous avons vues à 60 fr. l'hectare, valent aujourd'hui 350 fr., jusqu'à 500 fr. même, et encore on ne peut s'en procurer que difficilement.

On fait aussi plus de composts qu'autrefois. Ces composts, le plus ordinairement, sont un mélange de la boue des rues, de la terre prise dans les chemins, de la bruyère pourrie au dehors des étables, de la tige des pommes de terre, de la canne du maïs, des herbes sorties des jardins, curures d'allées, marres ou autres récipients des eaux. Ces composts servent presque toujours à fumer les prés, quelquefois aussi les vignes, mais jamais les terres, parce qu'ils porteraient avec eux trop de germes nuisibles aux céréales.

ARBORICULTURE.

Notre sol est si léger et si peu profond, que les arbres fruitiers n'y réussissent pas : ils sont rabougris et de peu de durée, ne produisant que des fruits chétifs et sauvages en majeure partie. Aussi nos pêches les meilleures ont valu à peine trente centimes la douzaine, lorsqu'ailleurs elles étaient cotées jusqu'à un franc cinquante centimes. Nous ne pouvons donc exporter nos fruits, et puis l'éloignement des villes et des chemins de fer s'y oppose. Nous avons tenté souvent de faire du cidre, mais il s'est toujours gâté, sans doute à cause de la mauvaise qualité de nos pommes et de notre peu de savoir pour sa fabrication. Nous avons plus d'intérêt à les donner aux bestiaux.

Cependant, un journaliste de l'arrondissement nous annonce que les propriétaires, aujourd'hui mieux avisés qu'autrefois, commencent à surveiller leurs plantations ; peut-être arriverons-nous, sous ce rapport, au niveau des autres pays.

VERGERS ET PACAGES.

Nous avons peu de vergers; mal tenus et pour ainsi dire sans culture, ils ne produisent que de mauvais foin que l'on fait pâturer; on y trouve toujours en abondance le chardon, le chiendent, les ronces et les épines.

Nos pacages sont maigres, sur un terrain calcaire dévoré par le soleil. Néanmoins, les herbes qu'ils produisent sont d'une nourriture *délicieuse* pour nos moutons, dont la *chair est exquise*, ainsi que celle de nos veaux de lait.

OUTILLAGE.

L'outillage n'a guère changé; il est à peu près le même qu'autrefois. On en conçoit facilement la raison. Dans un pays rocheux, schisteux, siliceux, les instruments perfectionnés ne peuvent facilement fonctionner, ce qui fait que nous n'employons jamais les chevaux pour nos labours, ainsi que nous l'avons dit plus haut; leurs mouvements sont trop rapides, trop saccadés. Que d'obstacles ils trouveraient ! Combien de charrues, de scarificateurs, d'extirpateurs, de fouilleurs, de herses, de buttoirs, de semoirs, de coupe-racines et de rouleaux, qui dorment sous les hangars.

GRAINES FOURRAGÈRES.

Nous l'avons dit ailleurs, on ne saurait assez surveiller les marchands de graines fourragères, qui souvent en débitent de vieilles, de sauvages, chétives et rabougries; j'ai parfois eu envie de les punir de leur mauvaise foi. Quel tort n'occasionnent-ils pas ! une récolte perdue, un travail stérile, une fumure sans objet, sans compter les autres frais, qui sont considérables. Les marchands peuvent, il est vrai, se trouver dans l'embarras, mais, en définitive, ils savent bien où ils font leurs emplettes : qu'ils prennent des garanties.

Il a été défriché en landes, bruyères,
pâtis, etc...................... 673 hectares.
Bois........ 506   id.
Prairies arrosées pour la première fois.. 26   id.
Drainées (terres humides)............ 30   id.
Assainies à ciel ouvert.............. 55   id.
Marais défrichés................... 16   id.
Terres chaulées................... 27   id.
Vignes plantées................... 871   id.

QUALITÉ DU SOL.

La nature du sol a été divisée, savoir :

Schisteux.................... 6,000 hectares.
Siliceux..................... 2,000   id.
Calcaire..................... 8,000   id.
Sablonneux................... 3,000   id.
Argileux..................... 1,000   id.
D'alluvion (terres des coteaux descen-
dues dans les vallons par les pluies.. 3,000   id.
Total........ 23,000 hectares.

ÉTENDUE DES EXPLOITATIONS RURALES.

De moins de 5 hectares............... 991
De 5 à 10 hectares................. 245
De 10 à 20   id.   181
De 20 à 30   id.   125
De 30 à 40   id.   66
De 40 à 50   id.   61
De 50 à 60   id.   42
De 60 à 80   id.   25
De 80 à 100   id.   23
Au-dessus...................... 29

Nombre total des exploitations.... 1,788

VALEUR VÉNALE ET PRIX DE FERMAGE, PAR AN ET PAR
HECTARE, DES DIVERSES NATURES DE PROPRIÉTÉS.

1re classe.	Terre labourable	Valeur vénale........	2,000f
		Taux moyen du fermage	75
	Pré naturel.....	Valeur vénale........	5,000
		Taux moyen du fermage	200
	Vigne.........	Valeur vénale........	1,250
		Taux moyen du fermage	60
2e classe.	Terre labourable	Valeur vénale.......	1,500
		Taux du fermage.....	60
	Pré naturel....	Valeur vénale.......	3,750
		Taux du fermage.....	150
	Vigne	Valeur vénale.......	1,000
		Taux du fermage.....	50

Nous ne parlerons point des autres classes dont les valeurs peuvent varier beaucoup plus facilement que celles qui
viennent d'être établies; d'ailleurs, leur classification jette
souvent dans l'embarras pour trouver exactement les nuan-
ces propres à chacune.

RENDEMENT MOYEN EN VIANDE DES ANIMAUX LIVRÉS
A LA BOUCHERIE (ANIMAUX ENGRAISSÉS).

Poids des animaux en vie.	Bœuf............	650 kilog
	Vache...........	400
	Veau............	90
	Mouton et brebis..	30
	Agneau.........	10
	Porc............	150
Poids des animaux abattus (les 4 quartiers seulement).	Bœuf...........	425 kilog
	Vache..........	235
	Veau...........	57
	Mouton et brebis..	15
	Agneau........	05
	Porc...........	120

PROVERBES ET DICTONS.

Les proverbes populaires étant quelquefois d'une grande
justesse, ainsi que l'a dit un grand écrivain, nous croyons
devoir rapporter ici ceux que nous avons recueillis jusqu'à
ce jour.

Quels sont les proverbes et dictons *(questionnaire de
1852)* résumant les observations météorologiques faites
par de simples cultivateurs ? Quels sont les proverbes et dictons relatifs à certains phénomènes (pluie, vent) ?

> Quand il pleut à la St-Aubin,
> L'eau sera plus rare que le vin.

S'il pleut sur la Chandelle (le jour de la Chandeleur),
Il pleuvra sur la javelle (au temps de la moisson).

> Février remplit le fossé,
> Mars viendra qui le curera.

> Le mois de mai
> Fait la barge ou la défait.

> Quand Noël est en clarté,
> Vends tes bœufs pour avoir du blé.

> S'il tonne au mois de janvier,
> Monte tes barriques au grenier.

> S'il tonne au mois d'avril,
> Fonce barriques et barils.

> Le jour de Notre-Dame-des-Avents,
> Faits des crêpes pour avoir du froment.

A la Sainte-Catherine, entame ta ravine,
Si tu ne l'entames pas, tu t'en repentiras.
(A cause des gelées).

Bon vin va en Limousin. (Nous vendons le bon et buvons
l'autre.)

S'il pleut au mois d'août,
Les truffes sont au bout.

S'il pleut le jour du Mardi-Gras, abondance d'huile.

S'il pleut le jeudi saint, il n'y aura pas d'herbe dans les
prés.

S'il pleut le jour de Pâques, il n'y aura que le maître pied
du froment qui montera.

Si le jour de la St-Vincent (fête des fabricants de cercles)
le soleil luzerne (apparaît de temps en temps), signe de vin.

Selon la circonstance, les ouvriers augmentent ou dimi-
nuent leur salaire.

S'il pleut le jour de la St-Médard, il pleuvra pendant 40
jours consécutifs. Cependant, il arrive quelquefois que St-
Barnabé défait ce que St-Médard a fait.

Autant de jours les Reinettes auront chanté avant la Notre-
Dame de mars, autant de jours elles s'arrêteront après.

Avril pluvieux, an fromenteux.

Les orages avant la St-Jean sont plus à redouter qu'après.

Année de foin, année de rien. (Annado dé fé, annado dé ré).

Si tu te soleilles à Noël, tu te chaufferas à Pâques.

L'hiver est comme un bissac, s'il n'est d'un côté il sera
de l'autre.

Si lou coucu vé à nu (avant la feuillée), lo paillo siro tout
in gru (grain).

Lu jour dé lo St-Barnobé, lo châtaigno montro lu bé.

Ein févrié, l'ouvrié; ein mars, lou goïllard; ein abriou,
lu chétiou.

En février, tailler la vigne; en mars, la meilleure saison;
en avril, le chétif, mauvais ouvrage, la vigne est en fer-
mentation.

Tailler la jeune vigne en lune vieille, pour arrêter la végétation, et la vieille vigne, en lune jeune, pour l'activer.

Ne pas semer en lune ronde : baillarge, orge, avoine, pour éviter le pourri.

Ne pas curer le bétail le vendredi saint; c'est un jour néfaste, celui où mourut N. S. J.-C.

Lever le fumier en lune jeune, il pourrit mieux et ne devient pas blanc.

Quan lo prochégeo eï in flours, lo né duro autont qué lu jour.

Quan ley moduro, mémo mésuro.

Les chevaliers saint Georges (23 avril), saint Marc (25 avril), saint Eutrope (30 avril), sainte Croix (3 mai) et saint Luc (22 mai), sont à redouter pour les gelées.

S'il gèle le jour de Notre-Dame de mars, les gelées d'après auront perdu toutes leurs forces, et, par conséquent, ne seront plus à redouter.

Quon lu balëy eï en flours, lu paòbré homé eï din sas doulours.

Quand lu balëy faï cric, crac, lu paòbré homé eï sauva.

(Le balai, genêt, fleurit vers Pâques, le pauvre homme n'a rien dans son grenier, car on dit : *Pâques cure grenier.* Quand le balai est mûr, que ses cosses s'ouvrent, au mois d'août, il a fait sa moisson.)

Pendant la messe des rameaux, le vent change neuf fois; celui où il se tiendra le plus longtemps, dominera pendant l'année.

Lo récliano do mati, dono l'eïgo a plé chami;
Lo récliano dé lencey, dono l'eïgo a plé chaley.

(L'arc-en-ciel du matin donne l'eau à plein chemin ; — l'arc-en-ciel du soir, donne l'eau à plein *chalel* (petite lampe à queue dont on se sert dans nos campagnes).

Le carême est bien court pour celui qui doit faire un paiement à Pâques.

HISTOIRE.

Le bonhomme Chatonel , aveugle, âgé de plus de 900 ans, habitait le tronc d'un châtaignier ; son fils lui portait à manger une fois par an, dans les premiers jours de mars. Le vieillard lui demandait alors : — Comment sont les blés ?— Nous sommes perdus, mon père, il n'y a rien ! — Couches-toi à terre, mon fils, et regarde à travers les sillons. — J'y suis, mon père. — Que vois-tu ? — Une petite verdure, violacée et agitée par le vent. — *Bonne année*, mon fils, *bonne année ;* donne à manger à tes enfants tant qu'ils en voudront.

Une autre fois : — Comment sont les blés ? — Superbes, mon père ; très-verts, très-épais. — *Mauvaise année*, mon fils, *mauvaise année ;* prive tes enfants.

Si le sens de cette histoire avait besoin d'être défini, nous dirions : Si les blés, au mois de mars, sont très-verts, très-épais, c'est qu'ils ont des herbes , et que, dans l'autre cas, ils n'en ont pas.

Mon histoire a reçu, cette année 1864, une juste application ; au mois de mars, les blés ne paraissaient pas, il est même des propriétaires, et je suis du nombre, qui en ont défait, les croyant gelés. Ceux de ces blés laissés tout à côté, et qui se trouvaient absolument dans les mêmes conditions, sont d'une beauté remarquable ; c'est qu'ils n'ont pas d'herbes.

AUTRE HISTOIRE.

Un aveugle voulait acheter une terre qu'on lui assurait être de bonne qualité. On alla pour la visiter. Notre homme monta sur son âne, que conduisait son petit-fils. Arrivé sur le terrain, l'aveugle descendit et dit à l'enfant : — Attache mon âne à quelque hièble ? — Il n'y en a pas, mon père : je ne trouve que des fougères. — *La terre est mauvaise*, je n'en veux pas, répondit l'aveugle.

L'hièble, plante de la famille des sureaux, indique un bon terrain, et la fougère un mauvais.

LANGAGE DU CHEVAL A SON CAVALIER.

A la montée, ne me presse pas ;
A la descente, ne me monte pas ;
Dans la plaine, ne me ménage pas ;
Dans l'écurie, ne m'oublie pas.

Nous avons répondu à tous les articles du programme, qui s'élèvent à plus de 600 questions, avec annotations nombreuses de notre part et auxquelles on peut avoir recours.

Ce programme traite :

1° De la contenance de chaque commune, au nombre de quatorze, et par chaque nature de terrain.
2° Des céréales et autres farineux alimentaires.
3° Des principales cultures potagères et maraîchères.
4° Des cultures industrielles.
5° Des cultures oléagineuses.
6° Des plantes textiles.
7° De l'arboriculture.
8° Des fourrages (prés naturels et pacage).
9° Des prairies artificielles.
10° Des fourrages divers destinés à être consommés en **vert**.
11° Des jachères mortes.
12° Des vignes.
13° De la récapitulation des superficies cultivées.
14° De celles qui ne sont pas cultivées, mais qui pourraient l'être.
15° Des animaux de ferme (espèces chevaline, asine et mulassière, bovine, ovine, porcine et caprine).
16° Des animaux de basse-cour (dindes, oies, canards, poules et poulets, pigeons).
17° Des abeilles (nombre de ruches et valeur).
18° Des valeurs ou prix moyens pour chaque animal des

espèces chevaline, bovine, ovine, porcine et caprine, et de la valeur de la volaille.

19° Du rendement moyen produit annuellement par les animaux ci-dessus n° 15 (en engrais et travail, avec prix de la journée).

20° Du revenu produit annuellement par les abeilles et poules pondeuses.

21° Des divers modes d'exploitation du sol.

22° Du rendement moyen, en viande, des animaux engraissés livrés à la boucherie.

23° Des étendues des exploitations rurales et leur nombre, depuis 5 hectares jusqu'à 100 et au-dessus.

24° Leur valeur vénale et prix de fermage.

25° Des salaires et gages des travailleurs agricoles, nourris et non nourris.

26° Des gages, par an, des ouvriers et domestiques employés à l'année, logés et nourris dans la ferme.

27° Des industries accessoires.

28° De l'outillage agricole.

29° Des engrais et amendements.

30° Des assolements en usage.

31° Des améliorations et faits agricoles, constatés de 1852 à 1862.

32° Des qualités du sol.

33° De l'alimentation des cultivateurs.

Nous fîmes suivre ce travail d'un assez grand nombre de réflexions que nous donnerons ici, avec celles que nous avons faites depuis.

MÉTAYAGE.

Le métayer est un colon qui s'engage, avec sa famille, à cultiver un domaine confié à ses soins, avec stipulation de conditions plus ou moins nombreuses, selon la volonté des parties, les usages locaux et la situation du bien. Nous ne pouvons donc les suivre dans leurs diverses phases ; nous ne parlerons que des plus essentielles et des plus générales.

Les parties, qui, très-souvent, ne se sont pas connues, ne voulant point lier leur liberté pour plusieurs années, se réservent, au cas de mécontentement, de la recouvrer le plus tôt possible. Voilà pourquoi les baux ne se font presque jamais que pour un an, sauf à les proroger par tacite reconduction, c'est-à-dire continuation de la jouissance aux mêmes prix et conditions, après l'expiration du bail, sans qu'il ait été renouvelé.

Le propriétaire du bien donne au métayer un cheptel mort et vif, bestiaux, instruments aratoires, dont il est fait état et estimation, afin que celui-ci remette le tout à sa sortie en pareilles quantité, qualité et valeur. Il en est de même des semences, souvent aussi des foins, pailles et fumiers.

Le colon s'oblige à cultiver les fonds en bon père de famille, en leur donnant toutes les façons d'usage. Il doit donc porter une surveillance active pour la prospérité de toutes choses et dénoncer au maître tous dégâts, toutes usurpations et anticipations, généralement toutes entreprises qui pourraient nuire à la propriété. C'est un devoir sacré, car tout lui est confié ; agir autrement serait d'un malhonnête homme, et les tribunaux puniraient une pareille action. En un mot, il doit faire comme si le bien était à lui : de là résultent de nombreuses obligations.

Tous les revenus, fruits et profits sont, dans la plupart des baux, partagés par moitié entre le maître et le métayer et les pertes supportées dans la même proportion.

Cependant, il arrive presque toujours que les pommes de terre et le petit maïs en totalité, sont laissés au métayer pour la nourriture du bétail.

Ce dernier paie un impôt foncier déterminé, il acquitte en sus sa cote personnelle et mobilière, les portes et fenêtres et les prestations en nature. — Dans celles en argent, il paie tout ce qui s'applique à sa personne et la moitié de celles qui regardent les bestiaux et les charrettes. L'autre moitié est à la charge du maître.

Le colon doit prendre son chauffage au moins dommageable, sans pouvoir couper à pied, étêter, ni étosser aucun
arbre vif ou mort. Enfin, il doit en user selon ses besoins,
mais ne jamais abuser. Par conséquent, il ne peut vendre
aucune espèce de bois, pas plus que les litières et les pailles
qui doivent être converties en fumier pour l'avantage de la
propriété, d'où il résulte qu'il doit constamment tenir, autant
que possible, les *charrières* pavées de bruyère.

L'entretien des ustensiles aratoires, le traitement et le
pansement des bestiaux, sont à frais communs ; quant à
l'entretien des petits outils : bêches, pioches, sarcloirs,
fourches, etc., le maître donne une quantité de fer propor-
tionnée à l'importance de la métairie.

Le maréchal ou taillandier, pour les petits travaux et réparations de ces mêmes outils, fait un abonnement d'une certaine quantité de froment, prise sur le tas commun, par
chaque paire de bœufs.

La laine des brebis est aussi par moitié ; nous devons dire,
cependant, que les retailles (laine venant sous le ventre et
à la queue de l'animal) sont pour la bergère. Souvent ces
retailles sont un peu trop grasses.

Le maître paie la façon de l'huile, le reste étant à la
charge du métayer.

Les truffes appartiennent exclusivement au maître, par
des motifs que j'indique dans mes usages locaux.

Le colon doit tenir les prés en bon état, veiller à leur irri-
gation, les clôturer convenablement, et, pour ces choses,
faire le nécessaire.

Il doit rendre le bien, à sa sortie, en bon état de culture
et de labourage.

L'année de sa sortie, qui est toujours au huit septembre,
il ne doit point faire manger le foin des prés naturels, car,
autrement, que trouverait le colon entrant ? mais il a, pour
la nourriture de son bétail, les fourrages verts, les têtes de

maïs, les feuilles des plantes sarclées, le pampre, le brout; le tout étant suffisant.

Le prix des saillies est à la charge du colon qui, par compensation, reçoit une pièce par chaque tête de bétail qu'il vend. Le maître et lui s'entendent toujours à cet égard.

Le colon ne doit faire aucune journée pour les étrangers, ni à corps, ni avec bœufs et charrette, sans le consentement de son maître : il doit tout son temps à la propriété; celui qui l'en distrait peut être poursuivi en dommages intérêts.

L'entretien de la couverture des bâtiments est réglée de deux manières, ou le colon donne une petite somme en argent, ou il nourrit l'ouvrier; tout le reste est à la charge du maître, fourniture des matériaux et salaires.

A l'égard de la volaille, ou elle est par moitié, ou le colon donne une quantité déterminée. Quant aux œufs, les douzaines sont toujours fixées.

Le tout est livrable aux époques dont on convient.

Enfin, lorsqu'on arrête un métayer, on stipule un dédit que le refusant doit payer à l'acquiesçant.

Les coûts du contrat sont toujours par moitié.

Telles sont, à peu près, les conventions ordinaires.

Il va sans dire que le maître doit être bon, bienveillant pour son colon, car un rigorisme porté trop loin lui ferait une mauvaise réputation.

Il est des métayers qui croient que le maître est *obligé*, *forcé*, de leur faire les avances des choses nécessaires à la nourriture; ils ont tort; il peut être de l'intérêt du maître de le faire, s'il ne veut pas voir mettre la clef sous la porte et son domaine abandonné, mais il ne peut y être contraint. Il est aussi des maîtres qui pensent que de *plano* ils peuvent ôter à leur métayer telle ou telle parcelle, ou pour eux, ou pour d'autres : ils n'en ont point le droit. En effet, le métayer, en entrant, a visité le domaine, toutes les pièces qui le composent; il a eu cette confiance que les choses reste-

raient entières : on ne peut donc les changer que d'un consentement mutuel. Les récriminations de mauvaise culture,
de trop d'étendue, de changements d'assolements et autres
choses analogues, ne suffisent pas, elles se règlent par les
formes légales; car on ne doit jamais oublier que le maître
et le colon sont deux associés qui ne peuvent marcher l'un
sans l'autre. Au cas de difficultés, les tribunaux sont là.

Quant à la société entre les colons eux-mêmes, voir à la
fin notre Recueil des usages.

BAIL A COMPLANT DE VIGNES POUR VINGT-NEUF ANS.

Ce bail est assez usité dans nos contrées. Un homme
possède un champ inculte, propre à la vigne, mais presque
toujours schisteux, rocheux, siliceux, et où il y aurait
beaucoup à faire ; il trouve de pauvres gens qui prennent ce
terrain pour le mettre en production, généralement pour une
plantation de vignes.

La condition est que le colon appropriera le terrain et
plantera la vigne, le tout à ses frais et sans secours, en ce
qu'il aura exclusivement, pour le dédommager, le revenu
des cinq premières années, lequel revenu, à proprement
parler, n'est appréciable que pour les trois premières années,
car, à la quatrième et à la cinquième année, la vigne absorbe
tout ; néanmoins, dans ces deux années, le colon a un de peu
vendange.

A la sixième année et pour les vingt-trois autres, la vendange se partage.

La récolte des trois premières années ne consiste qu'en
pommes de terre ou légumes, les céréales étant interdites
pour ne pas étouffer la plantation. Les sarments, pendant
toute la durée du bail, sont au colon ; rarement il paie un
impôt.

Il arrive bien souvent que le maître, lorsque la vigne est
en bonne production, à l'âge par exemple de 10 à 12 ans,
suscite des difficultés au colon pour la lui enlever, quoi-

qu'elle ait coûté bien des sacrifices à ce dernier; mais toujours ces plaintes sont repoussées, si elles ne sont point appuyées sur des motifs sérieux.

CRÉATION DE GARDES-CHAMPÊTRES EMBRIGADÉS.

Pour faire de l'agriculture, il faut d'abord que la propriété soit respectée en la purgeant de cette foule de maraudeurs qui la parcourt journellement.

Il est un moyen pour y arriver. Créer dans le canton cinq gardes-champêtres, y compris un brigadier, et qui formeraient un service comme dans la douane, avec jonction de nuit. Le chef serait au canton et distribuerait la tâche de chacun. Ces fonctionnaires officiels seraient, en même temps, de puissants auxiliaires pour l'ordre public.

Les frais d'une pareille institution ne coûteraient rien à l'Etat : ils resteraient à la charge des communes, qui les feraient avec plaisir.

Or, 500 fr. pour chaque employé et 600 à 700 fr. pour le chef, seraient suffisants. Nous avons 14 communes, chacune d'elles y contribuerait selon son importance. En vérité, vaudrait-il la peine de se priver de la meilleure institution ?

Avec elle, nous ne verrions plus de ces hommes dangereux qui ne vivent que de rapines, oisifs et gourmands, coureurs de tripots et de cabarets, détruisant tout : les bois, les fruits, le gibier et le poisson; mais c'est la nuit principalement qui favorise leurs déprédations.

Autrement, comment arrêter :

1° Ces faiseurs de cercles qui, au mois de septembre, voyagent en troupe, partent le lundi matin, avant le jour, pour aller à leur chantier, et ne rentrent que le samedi soir, après l'angelus ? Porteurs de havresacs qui contiendraient un hectolitre de blé, ils les remplissent de raisins dans les vignes qu'ils trouvent sur leur parcours, où ils se jettent en maîtres. A ce moment, il y aurait danger à attaquer des hommes aussi audacieux.

2° Ces voituriers qui, allant au charbon, lancent leurs montures, pendant la nuit, dans nos prairies et nos taillis. Sont-ils surpris dans leurs méfaits, au coup de sifflet tout disparaît. Les montures s'enfuient comme des gazelles et deviennent insaisissables. Il y a quelques années, un de nos grands propriétaires, ne pouvant les atteindre, en tua deux à coups de fusil. Quelquefois, ces bêtes maudites viennent sournoisement sur vous et vous donnent la chasse à coups de pieds, en vous montrant les dents quelles chercheraient même à utiliser sur votre personne. Nous en avons vu souvent des exemples ; alors, vous l'avouerez, mieux vaudrait les laisser pâturer.

3° Ces bohémiens qui, dans la saison des fruits, parcourent nos campagnes, posant leurs tentes sur nos grands chemins, toujours à côté d'un champ de pommes de terre. Comme des reptiles, ils se glissent à travers les herbes et vont déterrer le tubercule sans toucher à sa tige, de manière qu'en apparence il n'y a pas de dégât : on ne le découvre que lors de la cueillette entière. Le tubercule rôti et dévoré, provision faite pour plusieurs jours, nos bohémiens lèvent leur camp, qu'ils jettent dans leur chariot, traîné par un cheval décharné qui, lui aussi, a trouvé sa provende à nos dépens, et viennent dans nos bourgades, nous montrant souvent des plaies hideuses, vraies ou simulées, des images grossières, du papier à lettre, des complaintes, et que savons-nous encore. Suivis d'une légion d'enfants, chacun joue son rôle.

4° Ces marchands de moutons, qui ne font leurs emplettes qu'à partir du mois de juin. Sous prétexte des chaleurs, leurs animaux ne pâturent que la nuit. Dieu sait le mal qu'ils font ! Les fourrages, têtes de maïs, le verjus, les noix, les haricots, tout leur est bon.

5° Cette classe de mi-paysans, mi-artisants, qui, dans

nos bourgades, bien qu'ils ne possèdent que leur habitation,
n'en élèvent pas moins des vaches, des porcs, des moutons
et un grand nombre de volailles, grosses et menues, qu'ils
nourrissent toujours aux dépens d'autrui. Vous les voyez
autour des champs, la bête à corne à la main, qu'ils tiennent
par une corde qui s'allonge ou se raccourcit selon les circonstances. Entrez dans le champs, vous le trouverez dévoré
sur plusieurs mètres de largeur.

6° Ces chasseurs de bas-étage, peu délicats, qui, souvent,
à défaut de gibier, remplissent leurs carnassières de nos
meilleurs fruits et légumes, quelquefois même de nos volailles : ils ne prennent de port d'arme que dans ce but ; on
ne doit donc pas s'étonner que tant de propriétés soient dé-
fendues. Tôt ou tard, ces gens-là seraient pris par les gardes,
et nous aurions du moins la satisfaction de les voir attachés
au pilori de l'opinion publique.

Nous devons rendre justice à la gendarmerie ; nos prés,
jusqu'à la fauchaison des premières herbes, sont assez res-
pectés, la pêche étant interdite pendant le temps du frai ;
mais après, que de gens qui les parcourent ? Il n'est pas un
seul coin de ruisseau, de fossé, qui ne soit battu, fouillé,
visité et souvent mis à sec, les pêcheurs portant avec eux
toute espèce d'engins.

INTERDICTION DES LIENS DE BOIS.

Au moment où l'on s'occupe du reboisement des monta-
gnes, je dois appeler l'attention du gouvernement sur un
abus bien funeste pour nos forêts.

Les cultivateurs ont l'habitude de lier leurs gerbes avec
des jets de chêne ou de châtaignier, de l'âge de trois à quatre
ans, toujours les plus droits, les mieux venants. Quel tort
ne font-ils pas ! Il est inconcevable. En effet, supposons en
moyenne, et c'est bien petit, cinquante douzaines de gerbes
par domaine, ce qui fait 600 liens. Nous avons dans le can-

ton 1,788 exploitations, ce qui donne 1,072,800 liens, ou, à proprement parler, autant d'arbres de détruits. Aussi nos bois, pour la plupart, sont peu de chose et vont en décroissant d'une manière effrayante. Il est des misérables qui vont jusqu'à faire le commerce de ces liens ; et, chose inouïe, ils trouvent dans le pays des propriétaires assez vils pour favoriser, peut-être même exciter à ces larcins. Nous les *avons pris sur le fait.*

Cependant, quoi de plus facile que de faire disparaître cet usage pernicieux ? Pourquoi ne pas interdire les liens de bois, chêne et châtaignier, qu'on peut remplacer, pour les gerbes de blés, par le seigle, l'osier, le noisetier, etc.; et pour les sarments des vignes, qu'on peut attacher avec le sarment lui-même.

A défaut de loi, chaque municipalité ne pourrait-elle pas, sans sortir du cercle de ses attributions, prendre un arrêté dans ce sens et renvoyer, pour la pénalité, ou devant le tribunal de simple police ou de police correctionnelle ?

La surveillance serait facile ; une simple visite dans les granges par la gendarmerie, les gardes-champêtres ou autre agent de l'autorité.

On a établi dans bien des cantons des commissaires de police. Dieu nous garde de vouloir élever la moindre censure contre une pareille institution ; mais dans nos campagnes, si tranquilles, est-elle aussi utile que le serait la création de gardes-champêtres embrigadés ? Non, sans aucun doute. Pour la sécurité générale, n'avons-nous pas les municipalités, le juge de paix, la gendarmerie ? Depuis que nous sommes aux affaires, et il y a longtemps, nous n'avons vu aucun événement sérieux qui put nécessiter l'établissement d'un commissariat de police.

Le traitement de ces magistrats est, dans les cantons, de 1,440 fr. par an ; doublez ce prix, qui, comme nous l'avons dit, serait mis à la charge des communes, et vous aurez cinq auxiliaires au lieu d'un, lesquels seront en marche nuit et jour, et pour l'intérêt public et pour l'intérêt particulier.

Faire une indication que nous croyons utile est de notre devoir. *(Circulaire de LL. EE. MM. les ministres de la Justice et de l'Agriculture.)* Mais là, nous devons nous arrêter.

BESOINS DE L'AGRICULTURE.

Tout le monde parle d'agriculture ; le gouvernement institue des fêtes en son honneur et fait tous ses efforts pour sa prospérité ; les capitalistes devraient bien répondre à un si noble sentiment, au lieu de porter tous leurs fonds sur les grandes entreprises : les chemins de fer, les canaux. A peine si le cultivateur peut trouver dans le pays le plus modeste secours, même à dix pour cent.

Aussi nous marchons terre à terre avec nos seules ressources, ce qui arrête les grands progrès.

Voudrait-on faire du drainage ? Il faut de l'argent; qui n'en a pas doit emprunter ? Au Crédit foncier et à intérêt réduit. Mais les formalités à remplir sont nombreuses, coûteuses et souvent inutiles.

Si le Crédit foncier modifiait ses statuts, notamment les art. 67, 71, parag. 3, 72, 74, 76, peut-être qu'alors les demandes seraient plus nombreuses.

Je crois pouvoir être en mesure d'indiquer des moyens faciles pour simplifier les opérations et les rendre accessibles à tous, sans porter atteinte aux garanties qui couvriraient les intérêts du Crédit foncier.

Le drainage ! oh quels effets ne produit-il pas ! Un exemple entre mille :

Un de mes voisins, l'honorable M. Falempin Dufresne, possédait un pâtis d'une quarantaine d'ares de nulle valeur, pour ainsi dire. Il y a fait pratiquer des fossés remplis de pierres et communicant les uns aux autres. La dépense lui a coûté de 700 à 800 fr., et cette terre vaut aujourd'hui de deux à trois mille francs.

CHEMINS RURAUX.

La première condition, en bonne agriculture, est d'avoir des chemins ; les voies de grande et moyenne communication, les chemins vicinaux, absorbent toutes nos prestations. Les chemins ruraux disparaissent ou deviennent impraticables ; chaque propriétaire bordant en dispose à sa guise, souvent à peine si on en trouve quelques vestiges. Les agents-voyers ne devraient-ils pas porter la plus scrupuleuse surveillance sur un point aussi essentiel ? tenir un registre où seraient cotés ces chemins avec leur largeur moyenne ? Le maire et son conseil municipal, seraient aussi de puissants auxiliaires.

USAGES LOCAUX.

Nous avons fait un recueil des usages locaux que nous donnerons à la fin de cet ouvrage. Dans l'intérêt de l'agriculture, plusieurs ont été modifiés, notamment ceux qui concernent les assolements, qui doivent être les mêmes, autant que possible, dans l'intérêt du fonds asservi, c'est-à-dire celui grevé de la servitude ; ceux qui concernent la fumure des prés, en cas d'enclave, la cueillette des fruits des arbres tombant sur les voisins, les fossés, et que nous avons fait entrer dans l'ancienne coutume de Paris, à cause des éboulements, etc.

BAN DES VENDANGES.

Nous tenons aussi fortement la main à ce qui concerne l'exécution du ban des vendanges, par trop négligé pendant un temps. Cette mesure sévère arrête bon nombre de maraudeurs et nous procure un meilleur vin, le raisin venant à bonne maturité.

Je sais que cette mesure n'est pas généralement approuvée, comme étant une atteinte à la propriété ; mais je répondrai par le paragraphe 1er de l'art. 475 du Code pénal ;

par les motifs qui guidèrent le législateur, et enfin par tant d'autres règlements, qui, à ce point de vue, seraient aussi des atteintes à la propriété.

ANIMAUX MALFAISANTS.

La Pie.

Les chasseurs se plaignent généralement de la rareté du gibier ; ils en accusent les intempéries, les renards, les fouines, les oiseaux de proie ; je ne sais si parmi ces derniers, ils comprennent la *Pie*, oiseau le plus vorace de tous. Bien qu'il soit de la famille des Sylvains, qui se nourrissent de fruits et d'insectes, tout lui est bon. La pie détruit les pontes dans les champs et sur les arbres ; mange les œufs et les petits à leur naissance, même les poussins qu'elle vient chercher jusque dans les bâtiments. On connaît les dégâts qu'elle commet aux récoltes ; ajoutez qu'elle ébourgeonne les vignes au mois d'avril : jamais être ne fut plus malfaisant. Quelques comices agricoles accordaient une prime à celui qui portait les pattes de ce glouton.

On dit : il y aurait peut-être danger à détruire les oiseaux de proie qui mangent les rats, les mulots, les insectes. Cela pourrait être, mais, à coup sûr, la pie fait beaucoup de mal, et on ignore le bien qu'elle produit. Les rats et les mulots sortent principalement la nuit et trouvent leurs ennemis qui les attendent, lorsque la pie dort fort tranquillement perchée sur un arbre.

(Renseignements donnés par des gardes-champêtres.)

Le Moineau.

Malfaisant à l'extrême, il pénètre partout, jusque dans les colombiers, où il va percer, dit-on, les jabots des pigeonneaux, pour enlever le grain qui s'y trouve.

Au printemps, vous le voyez sur nos arbres fruitiers, sucer le calice des fleurs, arracher les légumes à leur naissance. A la saison des amours, il perce nos murs, fait tomber le gravier, pratique des trous pour y poser sa nichée. Jalouse, méchante et querelleuse, cette race turbulente ne peut se souffrir entr'elle ; elle est toujours en guerre, se livrant des combats acharnés ; les combattants, attachés les uns aux autres, se roulent en boule sur la terre, les murs, et les buissons, se laissent tomber du haut des maisons jusque sur les pavés, en poussant des cris aigüs que l'on entend de loin.

En été, vous le voyez sur nos javelles, sauter, danser sur la paille, qu'il met en désordre pour en avoir le grain.

En automne, vous le voyez sur les épis de nos maïs, qu'il perce à coups de bec ; sur les têtes de nos chanvres, dont il dévore le grain ; sur nos terres ensemencées ; enfin, partout où il y a mal à faire. Comme la pie, les marottes dans les champs ne l'épouvantent point : fin et rusé, il devine le stratagème.

En hiver, vous le voyez dans nos greniers, où il vient dévorer le grain ; dans nos basses-cours, enlever la pâtée de nos volailles ; lorsqu'il est repu, vous le trouvez sur les toitures tout ébouriffé dans sa plume : il semble dormir. Le scélérat médite un mauvais coup, car, subitement, il part à tire d'ailes.

Enfin, en septembre et au soleil couchant, s'unissant en troupe et par tribu, sans doute, il nous donne du haut des arbres un carillon des plus bruyants et qui nous abasourdit.

Il est vrai cependant qu'il détruit grand nombre de vers et d'insectes. C'est un bienfait ; je retire mon réquisitoire, et je laisse cet oiseau bon enfant à tous ses plaisirs, à tous ses caprices ; il est familier avec nous, il nous amuse toujours, et vole devant nous de buisson en buisson comme pour nous tenir compagnie.

Les Pigeons.

Un arrêt de la cour de cassation a décidé que les pigeons

des colombiers peuvent être considérés comme volailles, et, dès-lors, tout propriétaire a le droit de tuer, sur son terrain, les pigeons qui s'y abattent, pourvu qu'il soit établi qu'ils y causaient du dégât au moment même où le propriétaire du champ les a tués.

Pour éviter, autant que possible, les discussions, toujours fâcheuses entre voisins, il serait convenable que les municipalités fussent tenues de remettre en vigueur les arrêtés qu'on prenait autrefois pour tenir les pigeons renfermés pendant les moments opportuns.

Les Lapins.

A toutes les époques, on a considéré les lapins comme des animaux très-nuisibles aux récoltes. On s'est demandé si le propriétaire d'un bois, où ils se multiplient au point de causer des dégâts dans les champs voisins, était responsable des dommages qui en résultent.

En présence des articles 1382 et 1383 du Code Napoléon, on a répondu *affirmativement;* plusieurs arrêts ont consacré cette doctrine, à moins que le propriétaire du bois ne vous dise, d'après un légiste : « Je n'ai jamais empêché personne
» et je n'empêche aujourd'hui personne, vous encore moins
» que d'autres, de combattre sur mon fonds, autant que faire
» se pourra, mais à vos frais et non aux miens, les inconvé-
» nients dont vous avez à souffrir sur le vôtre, et qui sont
» du fait de la nature. Prenez des permis de chasse à la pré-
» fecture, des autorisations pour vous faire délivrer de la
» poudre, des autorisations de tuer les lapins en quelque
» saison que ce soit, car ma permission seule ne vous suffit
» pas. Allez, convoquez d'autres chasseurs, payez d'autres
» traqueurs; je vous souhaite bonne réussite. »

ÉTUDE SUR LA TRUFFE.

Puisque la nature nous a favorisés en nous donnant les truffes, que ce précieux tubercule, plus abondant aujourd'hui, par les soins des propriétaires, devient une grande ressource pour le pays, le cas est opportun de le faire connaître.

L'origine de la truffe a de tous temps excité la sagacité des naturalistes et des gens du monde.

On a dit quelle était le résultat de la piqûre d'une mouche sur les racines du chêne *blanc*, de préférence au chêne *noir*. Cette hypothèse ne me paraît pas rationnelle.

D'abord, cette mouche, dont l'espèce nous est inconnue, n'a été remarquée par qui que ce soit dans notre pays, où la truffe est si abondante ; ensuite, le précieux tubercule se trouve presque à fleur de terre, à 10, 15, 20 ou 30 mètres du pied de l'arbre, et non justa-posé sur les racines, ainsi qu'on l'a dit quelquefois.

Comme nous en sommes réduits aux conjectures, la science n'ayant pas encore dit son dernier mot sur l'origine de la truffe, je me permettrai d'exposer mon opinion sur cette question, d'après mes propres observations.

En Périgord, la truffe se développe à l'ombre, au sud et à l'est du chêne *noir* et non du chêne *blanc*, comme on l'a dit. On en trouve également autour des charmes ; quelquefois aussi, mais très-rarement, dans le voisinage du noisetier.

Tous les chênes noirs, quoique du même âge, dans le même terrain et les mêmes conditions, ne sont pas également favorables au développement de la truffe ; tel produit, et tel autre, tout à côté, ne produit pas ; c'est une chose connue de tout le monde.

D'où vient cette anomalie, alors que les caractères botaniques des uns et des autres nous paraissent identiques? Je ne suis pas en mesure de l'expliquer ; mais voici le raisonnement que je soumets aux savants sur l'origine de la truffe au point de vue de l'histoire naturelle.

La truffe me paraît être évidemment le produit de la substance même du chêne noir. Remarquons d'abord que l'écorce de l'un a beaucoup de rapport avec l'écorce de l'autre : elles sont toutes les deux noires, rugueuses et striées. Le pédoncule du gland n'a-t-il pas les mêmes caractères : rugueux, strié, plein de sillons ? Lorsqu'on scie une branche de chêne, ou que l'on entre dans un bûcher dont le bois n'est pas très-sec, on ressent une odeur qui a quelque analogie avec celle de la truffe. Le chêne blanc, au contraire, a la peau luisante, lisse, très-fine, sans sillons et sans stries ; puis, le chêne blanc vient dans les terrains argilo-sablonneux, et bien rarement dans les calcaires rougeâtres, propres à la production de la truffe.

Qu'on veuille bien se rappeler que je ne parle ici que du canton de Mareuil, et que mes observations ne vont point au-delà.

Ajoutons enfin que le gland d'un chêne *truffogène* transmettra cette propriété au sujet qui en naîtra, tandis que le gland du chêne non *truffogène* sera impuissant, ce qui semble indiquer deux variétés de chênes noirs.

Cela posé, voici comment j'explique l'origine de la truffe : pendant ou peu après la floraison du chêne, une exubérante végétation provoque l'avortement d'une portion du fruit, ou donne lieu, ce qui est plus probable, à des sécrétions particulières anormales. Ces sortes de parasites, déjà pourvus d'organes, vivent sur la tige ou la feuille de l'arbre, où ils ont pris naissance, comme l'oïdium sur la vigne ; mais bientôt, n'y trouvant plus une suffisante quantité de nourriture, ils s'en détachent peu à peu, et par le fait des violentes secousses que les vents du sud-ouest et du nord impriment aux branches, ils sont entraînés et répandus sur le sol, où ils prennent en quelque sorte racine et acquièrent leur développement à 10, 15, 20, 30 mètres de l'arbre privilégié, dont l'ombrage, combiné avec la rosée, a une puissante influence sur le tubercule.

On a remarqué, et ceci est vrai, que nul autre végétal ne croissait sur le terrain même des truffières. Il ne faut pas s'en étonner ; la truffe est une substance éminemment azotée, qui, pour arriver à parfaite maturité, absorbe tous les éléments nutritifs dont peut disposer la terre. N'ayant ni tige, ni feuilles qui puissent lui transmettre les gaz atmosphériques, elle est pourvue d'une multitude de bouches aspirantes, sans cesse en action, dont la concurrence est mortelle pour les autres végétaux.

C'est sensible, les truffières sont renfermées, pour ainsi dire, dans un cercle. Et les plus belles de la compagnie sont toujours à l'horizon de ce cercle, parce qu'elles n'ont pas de rivales au-delà qui viennent disputer leur nourriture.

Les arbres les plus beaux, les mieux venants, ne sont-ils pas généralement aux extrémités des pièces ?

Un sol calcaire rougeâtre, où sont épars quelques chênes noirs ou charmes, produit la truffe ; nous le garantissons.

On avait cru jusqu'ici qu'elle ne demandait pas de culture ; qu'elle erreur ! L'expérience nous a prouvé le contraire. Si l'on veut avoir de beaux fruits, pratiquez au moins un labour dans le courant de mai. C'est dans le mois d'août que la truffe prend sa force, car il est un proverbe qui dit : « S'il pleut au mois d'août, la truffe est au bout. » Rappelez-vous que presque toujours les proverbes sont d'une justesse incroyable.

Si le terrain est labouré, la manne y pénètre facilement et donne de beaux fruits ; si, au contraire, il est inculte, elle reste à la surface, et ses produits sont petits, rabougris et dévorés par la moindre gelée.

Ce que nous disons ici est d'une vérité incontestable, car les plus belles truffes et les plus abondantes proviennent toujours des champs de vignes que l'on travaille plusieurs fois dans l'année.

On ne trouve presque pas de truffes dans le voisinage des très-jeunes et très-vieux chênes *truffogènes ;* ce n'est que lorsque cet arbre est dans toute sa vigueur et qu'il n'a pas senti la main de l'émondeur, que la récolte du précieux tubercule est relativement abondante, mais soumise, comme toutes les autres récoltes, aux influences atmosphériques.

L'arbre est-il coupé, émondé, le tubercule disparaît et ne reparaîtra que lorsque de nouveaux jets auront atteint 12 à 15 ans.

On vend aujourd'hui des chênes appelés truffiers. Mais au lieu de planter cette espèce de chêne, et pour éviter une opération douteuse, n'est-il pas plus rationnel de semer çà et là, dans un terrain convenable, des glands de chênes *truffogènes ?* On serait certain alors d'avoir des fruits dans un temps donné. A mon avis, si les truffes ne sont pas plus abondantes, on ne doit s'en prendre qu'à la négligence des propriétaires. Cependant quelques-uns se sont avisés, et dans mes récentes recherches, j'ai trouvé dans plusieurs champs de vignes de jeunes arbres de la nature de ceux que je viens de signaler. .

La truffe n'est point comme le champignon, elle ne vient jamais dans les bois garnis ; il lui faut le plus grand air. Il semble qu'elle n'appartient point à la terre, puisqu'elle n'a pas de racines, mais soulevez-la, touchez-la le moins du monde, aussitôt elle dépérit, se meurt et devient la pâture du ver.

La truffe se conserve assez longtemps, si elle ne provient pas de terres humides ou de fonds argileux.

En vérité, la truffe est un être bien bizarre et qui étonne la plupart du temps ; elle se fait chercher quatre ou cinq fois dans l'année, dès le mois de novembre, jusqu'à la fin d'avril.

Comme elle ne se reproduit point par elle-même, on ne doit pas craindre d'épuiser le terrain, celles qu'on ne trouve pas sont perdues et deviennent la pâture des vers.

Souvent on serait tenté de l'abandonner si on ne connaissait ses caprices. Dans l'endroit où vous n'aurez rien trouvé d'abord, vous trouverez plus tard. Le tubercule, fort craintif, s'enfouit assez profondément, puis il monte peu à peu jusqu'à fleur de terre, qu'il fend, comme pour en sortir et gagner d'autres parages. Mais nos truies le reconnaissent toujours, car elles en sont excessivement friandes. Si, après avoir cherché, l'animal se met à grogner, il faut se retirer, le terrain est épuisé, pour le moment, mais les comptes ne sont pas encore réglés, il faudra voir plus tard.

Ce qui prouve qu'il existe des truffes hâtives et tardives dans le même terrain, et qui, contrairement aux autres fruits, se récoltent à deux, trois, quatre et cinq mois de distance les uns des autres.

La truffe du Périgord a été citée par tous les géographes, elle a été également chantée par quelques poètes, car elle est bien la meilleure chose qu'il y ait au monde et porte la gaîté dans tous les cœurs. N'est-elle pas le diamant de la cuisine, ainsi qu'on l'a dit ailleurs? Personne n'ignore sa puissance.

On ne peut la confondre avec ses sœurs bâtardes des autres pays ; son parfum est divin ; elle est noire à l'extérieur, lorsque les autres sont grisâtres ; on ne peut donc s'y tromper ; du reste, le meilleur juge est l'odorat.

La truie, plus vorace sans doute que le cochon mâle, est seule employée à la recherche de la truffe ; elle est d'une activité de feu à ce travail, et ne quitte le terrain que lorsqu'il est épuisé ; autrement elle y passerait des journées entières.

Souvent on la voit qui lève le groin en l'air, qu'elle flaire, elle sent une truffe, quelquefois à cent pas de distance; elle y court, et en deux ou trois coups de bouttoirs, elle a trouvé le tubercule, toujours gros dans ce cas, par la raison que nous avons déjà déduite; elle le dévorerait, si le bâton ferré n'était là ; mais en la privant du mets délicieux, on lui donne à chaque découverte plusieurs grains de maïs dont elle se contente, seulement il ne faut pas l'oublier, car le naturel reviendrait au galop.

Nous avons dit qu'il faut garder ses truffières l'arme au bras, pour ainsi dire ; en effet, la nuit, même dans l'obscurité la plus profonde, le maraudeur arrive avec son fusil, sa lanterne sourde et sa truie, qu'il conduit à petits pas. Comme il connaît parfaitement le terrain, il se met à l'œuvre ; la pluie, le mauvais temps, loin de l'arrêter, favorisent, au contraire, ses déprédations. Le lendemain, dès le point du jour, le propriétaire, qui a rêvé qu'on lui volait ses truffes, car il y songe toutes les nuits, arrive à son tour et tombe ébahi sur son champ qu'il trouve labouré dans tous les sens. Adieu le cadeau qu'il destinait à son notaire, à son médecin, voire même à plus hauts personnages, il ne lui reste plus qu'à glaner.

Il est bien vrai qu'il suit les traces des deux voleurs, l'homme et la bête ; mais, parvenu sur un terrain inculte, pierreux, rocheux ou couvert de landes, tout disparaît. Notre propriétaire se retire en maugréant et raconte l'aventure à qui veut l'entendre.

Pour éviter le pillage et la dévastation que l'on fait tous les ans des truffes, pour les laisser arriver à bonne maturité, MM. les préfets, qui règlementent la chasse et la pêche, ne pourraient-ils pas aussi fixer l'époque de la cueillette du précieux tubercule ? Car la meilleure truffe est bien celle que l'on récolte après plusieurs gelées.

Or, qu'arrive-t-il aujourd'hui ? Les chercheurs ont soin d'affermer quelques truffières ; ils en visitent une ou deux, dès les premiers jours de novembre, pour aller ensuite voler celles de leurs voisins, rendant, par ce moyen, toutes perquisitions inutiles à leur domicile. Fixer, pour la cueillette, le *vingt novembre*, ce serait à peu près l'époque convenable. On parle de mettre du poison dans quelques truffières ; ce serait, à coup sûr, un bien grand malheur. Il faut absolument un règlement comme on l'a fait pour la pêche du saumon et de la truite. N'est-ce pas le même sentiment de conservation qui dicta le ban des vendanges ?

La truffe s'abrite sous les rameaux du chêne comme pour se préserver des autans et des orages. Pendant la douce saison, elle est blanche et sans tâche ; mais arrivé le mois d'août, le soleil, aussi jaloux que nous de la connaître, vient brûler son teint et lui donner la couleur du bois d'ébène.

L'arbre est-il abattu, ou ses branches sont-elles enlevées, la truffe périt et disparaît ; néanmoins, la dette de la reconnaissance est imprescriptible pour elle ; les années ne sont rien, elle ne perd point la mémoire ; image fidèle de l'hirondelle, elle reviendra gagner son premier berceau, près des rameaux de ses jeunes frères, lorsqu'ils auront atteint l'âge de 12 à 15 ans, comme pour leur demander secours et protection.

Ces réflexions me paraissent suffisantes ; je n'aurais point parlé aussi longuement de la truffe si je n'avais pas la certitude que de jour en jour le précieux produit devient une grande ressource pour le pays, surtout si je n'avais pas la conviction qu'avant peu on pourra l'avoir à des prix modérés.

Déjà même nous le voyons par les prix suivants :

En 1861.			En 1862.		
	Dinde.....................	6ᶠ »		Dinde....................	6ᶠ »
	2 kil. 1/2 truffes....	75 »		2 kil. 1/2 truffes....	25 »
	Lard et épices.......	1 »		Lard et épices.......	1 »
	TOTAL.............	82ᶠ »		TOTAL.............	32ᶠ »
	Chapon.................	3ᶠ »		Chapon	3ᶠ »
	1 kil. truffes..........	30 »		1 kil. truffes..........	10 »
	Lard et épices.......	» 50		Lard et épices.......	» 50
	TOTAL.............	33ᶠ 50ᶜ		TOTAL.............	13ᶠ 50ᶜ

La cause de cette énorme différence dans les prix provient de ce que les propriétaires, étonnés d'une pareille valeur, se sont tous mis à la recherche du tubercule, qu'ils ont exploré de toutes parts, ce qui en a décuplé la quantité.

Avec ces renseignements, ont peut se tenir en garde contre les marchands de comestibles, et pour la qualité et pour le prix de la marchandise.

POMMES DE TERRE.

Il est un autre tubercule bien plus précieux que la truffe,

parce qu'il appartient à tout le monde et qu'il est de nécessité première.

Je veux parler de la pomme de terre, cette reine des plantes sarclées.

On parle de sa maladie, qui arrive tous les ans, et là-dessus on bâtit système sur système. Le meilleur, à mon avis, est celui-ci : Semez la pomme de terre dans le mois de février, le plus tard au 15 mars, pour la récolter en septembre, avant les pluies et les gelées ; mettez-la dans un terrain sec, par conséquent, évitez les terres humides ou argileuses, comme pour la truffe.

Lorsque la tige jaunit, c'est le signal de la cueillette ; n'attendez pas que cette tige, comme on le fait malheureusement trop souvent, soit entièrement pourrie, corrompue, parce qu'alors le fruit doit s'en ressentir.

Si le soleil est brûlant le jour de la cueillette, il faut couvrir le tas de pommes de terre avec la tige elle-même, pour empêcher qu'il ne grille le tubercule ; serrez le soir même, dans un lieu aéré, sur la paille ou sur un plancher, pour éviter la rosée et l'humidité de la nuit.

Il est nécessaire de mettre les pommes de terre le moins épais possible, afin que ce qu'on appelle vulgairement leur sueur découle sans atteindre les autres ; remuez de temps en temps ; laissez ainsi jusqu'aux premières gelées ; triez et enlevez celles qui se seraient gâtées, pour arrêter la contagion ; puis tassez dans un endroit sec et abrité, et mettez contre les murs des couches de paille pour que les pommes de terre ne puissent pas prendre l'humidité de ces murs.

Vous les conserverez ainsi.

Il y a plus, si quelques sujets ont été atteints, le mal chez eux s'est arrêté à la partie souffrante qui a durci ; le reste du corps a été conservé.

On parle de chauler la semence ; la mesure peut être bonne, nous chaulons bien nos blés et nos avoines.

Tout bon cultivateur doit porter une attention scrupuleuse

sur le choix de la semence. Il est des pommes de terre *mules*, *stériles* ; on les reconnaît facilement d'avec les autres ; elles n'ont pas de boutons, mais seulement des filaments excessivement fins. On doit les éviter avec soin, autrement ce serait autant de perdu. Si l'on coupe la semence, laissez à chaque partie au moins deux boutons.

Nous ne parlerons pas autrement de la culture, elle est connue de tout le monde.

FALSIFICATION DES VINS.

Nous avons dit dans l'un de nos proverbes : *Bon vin va en Limousin*, ce qui veut dire, nous le répétons, que nous vendons le meilleur et que nous buvons l'autre.

Le Limousin aurait, en effet, les meilleurs de nos vins, s'il traitait directement avec nos propriétaires ; mais autrement la question est fort douteuse, et dès-lors il ne peut se promettre de servir un jour cette vieille amphore dont nos ancêtres étaient si jaloux. Il est vrai qu'actuellement on a des vins à bon marché, des vins innommés, de bien des crus et qui ne devraient être destinés qu'aux tripots et cabarets, où l'on chopine nuit et jour. Encore est-il prudent de les boire dans les huit premiers mois, avant juillet, surtout avant le mois d'août. Le Limousin commence à nous comprendre.

Je suis autorisé à faire ces réflexions, aux termes de la circulaire suivante :

« Monsieur le juge de paix, les vins sont depuis quelque
» temps l'objet de falsifications les plus audacieuses et les
» plus grossières ; non-seulement la santé publique est me-
» nacée par la mise en circulation de liquides qui n'ont du
» vin que le nom, mais encore les intérêts de l'agriculture et
» du commerce honnête sont gravement compromis.

» Je vous invite, avec les plus pressantes instances, à
» surveiller dans votre canton la circulation et le commerce,
» en gros ou en détail, de ce genre de boissons. Votre atten-

» tion constante doit se porter sur les fabricants, commis-
» sionnaires, vendeurs ou débitants, et vous aurez à dresser
» et à me transmettre, avec un échantillon de la substance
» falsifiée, procès-verbal des contraventions qui seraient
» commises au mépris des articles 318, 423 et 475 du Code
» pénal.

» Recevez, etc. »

DOMMAGES AUX CHAMPS ET AUX RÉCOLTES COMMIS PAR LES VOLAILLES.

La loi des 28 septembre et 6 octobre 1791 autorise à les tuer sur le champ et au moment du dégât.... De qu'elle manière ?

Sans nous expliquer sur le mode à employer, la question étant fort délicate, nous nous bornerons à citer le numéro du *Moniteur des Tribunaux* du 6 février 1862, auquel on peut avoir recours.

INCENDIE DANS LES CHAMPS.

On voit malheureusement trop souvent des incendies qui dévorent des immensités de landes et de taillis. Quels en sont les auteurs ?

La plupart de ces sinistres proviennent de l'imprudence d'enfants commis à la garde du bétail, mais souvent encore par la distraction des fumeurs qui jettent leurs cigares ou leurs allumettes.

Ces incendies se manifestent presque toujours dans les temps de hâle, au mois d'avril par exemple.

Il y a quelques années, un sinistre de ce genre éclata sur une pièce en bruyère et taillis châtaignier ; bien vite le feu prit des proportions effrayantes. Les villages voisins, la gendarmerie, accoururent sur les lieux, et on ne se rendit maître du feu qu'avec beaucoup de peine et lorsqu'il fut arrivé à la limite des chemins.

Une grande partie des assistants, armés de lattes dont ils frappaient le sol, finirent enfin par éteindre le feu, mais alors il avait parcouru une superficie de plus de 20 hectares, et avait causé un grand dégât par la perte totale de la bruyère et d'une majeure partie du taillis châtaignier.

Le propriétaire incendié cherchait l'auteur du méfait ; il ne savait pas, le pauvre homme, qu'il l'avait à côté de lui ; c'était son propre fils, qui, en traversant la pièce, avait jeté son cigare ; l'enquête fut donc bientôt terminée.

Dernièrement encore, le 13 avril, je me promenais avec deux de mes amis, dont l'un fumait ; tout-à-coup nous voyons derrière nous une fumée partant d'une haie devant laquelle nous venions de passer, et qui d'abord nous étonna beaucoup. Cherchant la cause de cet événement, que nous regardions comme la chose la plus étrange, nous rétrogradons, et nous trouvons le coupable, qui était le reste du cigare de notre ami le fumeur.

Nous pourrions citer encore d'autres exemples.

Nous engageons donc instamment les bergers à ne faire de feu que là où il ne peut occasionner aucun dommage et MM. les fumeurs à bien voir où ils jettent leurs cigares et leurs allumettes, sur lesquels ils devraient du moins poser le pied.

TYPHUS, CHARBON, MORTALITÉ DES PORCS.

On ne sait à quoi attribuer ce fléau. Est-ce à la température, à la mauvaise qualité des aliments, à ces croisements avec les races étrangères qui nous arrivent de tous les climats ? ou bien aux chaleurs excessives, car ce n'est guère qu'à cette époque que se montre la maladie, aux dessèchements des lacs, mares ou piscines où les porcs vont se vautrer ?

Les brouillards ont régné pendant toute l'année. Ont-ils donné aux plantes l'oïdium ? On serait tenté de le croire ; les pertes énormes que nous avons éprouvées nous suggèrent cette idée.

Dans une position aussi fâcheuse, chacun met son esprit à la torture pour opposer une digue à ce mal dévastateur.

Les moyens les plus généralement employés sont ceux-ci :

Saigner l'animal aux oreilles et à la queue, pour établir des hémorragies, mettre du souffre dans les aliments, le frictionner au vinaigre et le tenir chaudement.

Comme l'air et la propreté sont d'une excellente hygiène, nettoyer à fond les étables, les laver à l'eau bouillante, les blanchir même à la chaux; les arômatiser au vinaigre, y brûler du genièvre, du thym ou autres plantes odoriférantes; faire paillée fraîche, renouveller ainsi de temps en temps.

Faire sortir les porcs plusieurs fois par jour, surtout le matin, de bonne heure, pour qu'ils aillent se vider aux lieux où ils en ont pris l'habitude, car une rétention trop prolongée pourrait les rendre malades.

Dès que l'on s'aperçoit que l'un d'eux est atteint, et on le remarque facilement à sa tristesse, à son refus de manger et surtout à son désir immodéré de rentrer dans l'étable, le séparer bien vite d'avec les autres, pour éviter la contagion.

Tenir à leur portée, notamment pour les porcs gras, des baquets d'eau fraîche, pour qu'ils aillent se désaltérer.

S'ils se sont vautrés dans la mare, les laisser sécher avant de les faire rentrer dans l'étable, pour éviter le refroidissement, peut-être même la grippe, catarrhe épidémique.

La maladie régnante est le typhus ou charbon; on le reconnaît aux foies qui sont enflés, tachetés de noir.

Les symptômes se manifestent ainsi : l'animal est essoufflé et ne veut rester que dans son étable, dont on ne peut le faire sortir; il s'enterre dans la litière comme pour y creuser sa fosse, et ne prend rien, pas même les choses qu'il aimait le mieux.

Alors c'en est fait de lui. S'il est gras, suivre le système anglais, mettre le couteau au cou.

On peut le manger sans crainte : le *feu purifie*, c'est d'une
vérité reconnue et qui corrobore cet axiôme : morte la bête,
mort le venin.

La lèpre ou lâdrerie, si naturelle à cet animal immonde
chez les juifs qui l'avaient proscrit, n'est point à redouter ; le
feu purifie.

Voilà pourquoi ce vice n'est point un cas rédhibitoire,
même pour le porc vendu à la livre; un jugement tout ré-
cent vient de le confirmer; autrement le commerce ne serait pas possible.

CULTURE DU TABAC.

Nous lisons dans un journal :

« Par décret de Son Exc. M. le ministre des finances, en
» date du 27 octobre 1863, le département de la Dordogne est
» autorisé, pour 1864, à planter en tabac, pour l'approvi-
» sionnement des manufactures impériales, 800 hectares,
» non-compris le cinquième d'excédant toléré par l'art. 193
» de la loi du 28 avril 1816.

» Il est en outre appelé à fournir, sur la récolte de ladite
» année, un contingent de un million de kilogrammes de
» tabac.

» Le nombre des pieds à planter sera de 32 à 35 mille.

» Les prix auxquels les tabacs à payer sont fixés par cent
» kilogrammes, sont, savoir : 1re qualité 130 fr.; 2e qualité
» 100 fr.; 3e qualité 80 fr.; non marchands, de 60 à 10 fr.

» Les prix de 1re, 2e et 3e qualités, seront appliqués ex-
» clusivement aux tabacs fins, légers et combustibles ; les
» tabacs grossiers, communs, d'espèces abâtardies, devront
» être rejetés dans les classes non-marchandes.

» Conformément à l'art. 192 de la loi du 28 avril 1816, il
» sera accordé pour les tabacs de surchoix une allocation
» de dix francs par cent kil. en sus du prix de la 1re qualité.

» Les tabacs non-marchands seront payés sur l'estima-

» tion de la Commission d'expertise, dans la limite des
» prix indiqués ci-dessus et par gradation de 10 en 10 fr.

» Nous n'avons pas besoin d'ajouter que l'agriculture de
» l'arrondissement de Nontron est privée des avantages
» incontestables de cette culture ; les pétitions ·émanées des
» comices de Nontron et de Mareuil sont restées jusqu'à
» présent sans résultat. Cet état de choses durera-t-il long-
» temps ? Aurons-nous bientôt notre part de ce privilége
» concédé sans difficulté aux quatre autres arrondissements
» de la Dordogne ? »

L'organe public fait assez connaître l'avantage de la culture du tabac ; comment le canton de Mareuil, si favorisé
par la qualité du sol, car il peu offrir plus de 3,000 hectares
de terres propres à cette production, ne poursuivrait-il pas
ardemment les vœux émis par son comice agricole et celui
de Nontron ? Unissons-nous tous pour une entreprise dont
l'utilité nous est si bien démontrée.

EXTINCTION DE LA MENDICITÉ.

Souvent le projet d'extinction de la mendicité a été dis-
cuté, et l'on a proposé la création d'un dépôt au chef-lieu du
département. Cette question d'humanité mérite à tous égards
la plus grande sollicitude ; mais le moyen proposé doit-il être
adopté ? Peut-on sur un seul point entasser tous les mendiants d'un département que l'on enlèverait ainsi à leur af-
fection de famille ? Ne serait-il pas mieux que chaque commune nourrit les siens ?

Si un recensement rigoureux était fait, ce serait tout au
plus si on en trouvait quatre par commune dans le canton de
Mareuil. Il est vrai que le chef-lieu en produirait d'avantage.

Les 13 communes rurales donneraient donc 52 individus ;
or, nous avons vu que pour l'alimentation des hommes il
fallait à chacun 3 hectolit. 50 déc. de blé par an, ce qui don-

nerait par commune 14 hect., à 20 fr., terme moyen   280 fr.

Ajoutons, si l'on veut, les frais de logement qui, certes, ne s'élèveraient pas annuellement à 20 fr. pour chacun, mais soit 20 fr., ci...............   80 fr.

Ensemble............   360 fr.

Quant aux légumes, huile, graisse, vêtements et chauffage, les mendiants se le procureraient facilement par de petits travaux : garde de bétail et autres menus services.

D'ailleurs, dans notre bon et charitable pays, on trouverait, à coup sûr, assez de maisons qui pourvoiraient à d'autres besoins que nous ne pouvons saisir.

Alors disparaîtrait cette lèpre de la société, et nous ne verrions peut-être plus ces vagabonds qui désolent nos contrées.

Dans l'état actuel des choses, il arrive que les mendiants, généralement vieux et infirmes, ne pouvant ou ne voulant pas visiter les domiciles isolés les uns des autres de leur commune, se jettent au chef-lieu du canton, où ils trouvent grand nombre d'habitations agglomérées. A ces dernières incombe donc toute la charge, à moins d'employer cette rudesse qui n'est plus dans nos mœurs.

Voici les moyens que nous indiquons, et s'ils pouvaient être adoptés, le chef-lieu du canton se trouverait soulagé d'une charge aussi lourde qu'elle est injuste, et les mendiants eux-mêmes s'en trouveraient probablement mieux :

Pour le recensement, le règlement et la surveillance des pauvres, instituer une commission composée, comme pour les enfants trouvés, du maire, du curé et de l'instituteur ; ou du maire et de deux conseillers municipaux, les plus âgés ou les premiers sur le tableau, là où il n'y a ni curé ni instituteur.

CHEMIN DE FER.

Lorsqu'un pays est pauvre, mais pouvant devenir riche et offrir les produits les plus précieux, le gouvernement doit l'étudier.

A ce point de vue, le canton de Mareuil serait en première ligne : ses vins, ses bestiaux, ses bois et ses carrières offriraient une ressource immense à l'exploitation. Leurs qualités sont reconnues et ne peuvent éprouver de rivalités.

Que lui faudrait-il pour le rendre prospère? Un chemin de fer d'Angoulème à Périgueux, partant de la gare de Charmant, par Lavalette, Larochebeaucourt, Mareuil et Brantôme (parcours de 64 kilom.), allant se relier au Grand-Central, continuation directe du chemin de fer de Saintes, Jarnac, Angoulème.

Sur cette ligne que nous indiquons, pas de travaux d'art ; un vallon continuel, tous les matériaux sur place ; des terrains et des ouvriers à bien meilleur marché qu'ailleurs.

En prenant la carte de France, on voit que c'est la ligne la plus courte, la plus droite, la plus directe, sans obstacle aucun, de l'Océan à la Méditerranée, de La Rochelle à Toulouse.

Ce tronçon, où l'on aurait ni tunnels, ni grands ponts, serait fort productif pour toute Compagnie qui l'entreprendrait : voyageurs et marchandises n'y feraient jamais défaut.

Il est bien vrai que deux autres contrées, Nontron et Ribérac se le disputent. Que nous importe ! C'est un droit commun à tous et qu'une étude sérieuse des trois localités peut seule décider.

La pensée que nous exprimons ici n'est pas nouvelle; elle a été l'objet de réunions nombreuses, auxquelles ont assisté toutes les communes des cantons voisins, qui, pour les représenter, avaient constitué un comité dont le siége était à Mareuil.

Le besoin d'une voie ferrée d'Angoulème à Périgueux se fait tellement sentir, que l'*Écho de Vésone*, dans son numéro du 23 mai 1863, exprime la même opinion que nous. Il s'explique ainsi :

« Le nouveau réseau de la Compagnie d'Orléans dont font » partie les lignes qui se croisent à Périgueux continue à

» offrir une augmentation de recettes, comparativement à
» l'année dernière. L'embranchement de Brive à Tulle, des-
» tiné, sans aucun doute, à se prolonger sur Lyon, par
» Ussel et Clermont-Ferrand, lui apportera de nouveaux et
» importants éléments de bénéfices, ainsi que la prochaine
» ouverture de la voie de Périgueux à Agen.

 » *Ces derniers ne peuvent manquer d'être complétés par*
» *un rail-way direct entre Périgueux et Angoulême, qui*
» *ouvrira un débouché naturel à la Bretagne sur la Pro-*
» *vence, et réciproquement, etc., etc.* »

Le cas échéant, la ligne que nous indiquons sera néces-
sairement adoptée, comme étant la plus courte, la moins
coûteuse et la plus productive.

AVIS SALUTAIRE.

Dans la saison des grands travaux, semailles et sarclages
des maïs, des pommes de terre, fauchaison, moisson, lorsque, convié par le beau temps, tout le monde est dehors,
que nos cultivateurs et leurs familles, entraînés par l'ardeur
de profiter de ces longs jours, emportant avec eux une légère
collation, quittent leurs misérables habitations, *le voleur*
les épie ; à peine sont-ils sortis par une porte, qu'il entre par
l'autre, fait main basse sur tout, fracture les meubles et
enlève le pécule gagné par bien des sueurs. Le soir, les
pauvres gens rentrant chez eux accablés de fatigue, ne se
donnant pas la peine de préparer le plus modeste repas,
qu'elle désolation, qu'elle consternation pour eux de voir
toutes leurs économies disparues en un instant !

Nous l'avons dit bien souvent ailleurs et nous le répétons
ici, dans ces temps de grandes occupations, que nos campagnards soient toujours sur leurs gardes ; qu'ils mettent de
bonnes serrures à leurs portes, qu'ils réparent ces ferme-
tures vermoulues et qu'ils bouchent toutes leurs lucarnes.

Enfin, si leurs ressources ne leur permettent pas de faire

de semblables dépenses et de tenir constamment en bon état leurs chétives demeures, qu'ils emportent leur argent sur eux, que la nuit ils le cachent sous leur oreiller, car le loup dévorant veille et rode dans les environs : il manque rarement son coup.

Depuis peu de jours, trois vols de ce genre nous ont été dénoncés ; nous envoyons bien aux galères quelques-uns de ces bandits, mais le plus grand nombre nous échappe.

Encore, lorsque nos campagnards vont aux foires pour vendre ou acheter du bétail, qu'ils serrent leur argent dans une poche secrète et qu'ils aient toujours la main dessus pour éviter ces vols dits à la *tire* ou à l'*américaine*, si connus de nos jours. Qu'ils se gardent bien de pénétrer dans les groupes attirés par des saltimbanques, joueurs de gobelets, chanteurs ou autres gens de métiers analogues; car il n'est pas de grandes réunions où nous n'ayons à déplorer de pareils événements. Deux, tout récemment, ont eu lieu : l'un de 500 fr. et l'autre de 900 fr. Ces vols sont commis, la plupart du temps, au préjudice de pauvres métayers, qu'ils plongent dans la misère.

AUTRE.

Il arrive fréquemment dans nos campagnes, et surtout sur nos places de marchés, que beaucoup d'individus se mêlent à la conclusion de ventes d'animaux ; que de paroles de solvabilité sont prononcées. Par exemple, que l'acheteur est *très-solvable*, qu'il offre *toutes garanties ;* qu'en un mot, on livrerait sans difficulté. D'où il résulte que le vendeur, en cas de déconfiture de l'acheteur, ne manque jamais d'attaquer la personne qui aura pris la part la plus active dans le marché, en disant qu'elle est caution ; que, sans elle, la marchandise n'aurait pas été livrée ; enfin, qu'elle en a fait son affaire, et sur cela procès et discussions.

Que l'on sache bien que l'art. 2015 du Code Napoléon dit expressément :

« Le cautionnement ne se présume point ; il doit être
» exprès, et on ne peut l'étendre au-delà des limites dans
» lesquelles il a été contracté. »

D'après des termes aussi formels, les paroles équivoques ne sauraient être admises. Il faut absolument ces conventions : — Je me rends caution de la somme. — Je vous réponds de votre somme. — J'en fais mon affaire.

Enfin, il faut que le cautionnement apparaisse au grand jour, qu'il n'offre aucune difficulté, pas d'expressions douteuses.

Nous ne parlerons point du serment, qui est admis en tout état de cause. (Art. 1357 du même Code.)

Ce travail, envoyé à M. le ministre, Son Excellence a bien voulu en faire faire un extrait qui a été remis à la section des chemins de fer.

Les présentes notes et celles adressées précédemment au ministère de l'agriculture peuvent donner une idée de notre position agricole et de nos besoins. Je suis infiniment heureux que Son Excellence ait trouvé dans ce travail quelque chose d'appréciable et qui puisse tourner au profit de mon pays ; c'est dans ce but que je le livre à la publication.

En fait de statistique, que ne pourrais-je pas dire encore ! La matière est inépuisable, mais tout ne se fait pas en un jour.

USAGES LOCAUX.

Art. 590 et 593, Code Napoléon. *Quel est l'usage des propriétaires du canton quant à l'aménagement des bois ?*

Les bois sont aménagés ainsi : fourrages, fagots, buches et bois d'œuvre.

Quel est le delai laissé entre chaque coupe ?

Taillis mêlés : 7 ans pour le châtaignier, 14 ans pour le chêne. — Taillis chêne pur, 18 ans. — Fourrage, 5 ans.

Combien de baliveaux par hectare ?

Quarante.

Quel est l'âge pour la coupe des futaies et baliveaux.

A tout âge, mais jamais au-dessous de 30 ans.

Quel est l'usage en ce qui touche le remplacement de l'usufruitier de pépinières dont parle l'art. 590, Code Napoléon ?

Il n'y a point de pépinières dans le canton.

Se sert-on d'échalas dans les vignes du canton ?

Peu.

L'usufruitier peut-il en prendre dans les bois soumis à son usufruit ?

Oui, mais au moins dommageable.

Quid des produits annuels ou périodiques des arbres dont parle l'art. 593 du Code Napoléon : bruyères, curage, émondage, écorce de tan ?

Il jouit de tous les produits annuels ou périodiques des arbres dont parle l'art. 593 ; il jouit aussi des bruyères qu'il doit faire convertir en engrais pour le service du bien, mais il ne peut les couper qu'à l'âge de 3 ans. S'il en est de réserve, c'est-à-dire après que le bien a été abondamment pourvu, il peut vendre l'excédant à son profit particulier. — Il a le curage des arbres, l'émondage, les branches mortes, le fourrage et la coupe des taillis. — Quant à l'écorce du tan, il ne s'en fait pas dans le canton.

Admet-on les mêmes usages pour le fermier, qui n'est qu'un usufruitier temporaire ? (Art. 644 et 645 du Code Napoléon, art. 1ᵉʳ, loi du 14 floréal an XI.)

Le fermier a les mêmes droits que l'usufruitier, à moins qu'il n'y ait conventions contraires.

Avant le Code Napoléon, existait-il dans le canton des règlements particuliers et locaux sur le cours et l'usage des eaux ?

On n'en connaît pas.

A-t-il été fait des règlements postérieurs ? Par qui ?

Non, il n'y a jamais eu de règlements.

Existait-il, à défaut de règlements, une coutume ?

Non, on n'en connaît pas ; le pays est régi par le Code Napoléon.

Quid à l'égard du curage des ruisseaux ?

Le curage des ruisseaux a lieu généralement depuis le mois d'août jusqu'en octobre. Sur l'avis du maire de la commune, chaque propriétaire contribue aux frais de ce curage

selon la longueur de son terrain bordant le ruisseau. S'il y a
des récalcitrants, le maire met des ouvriers, et sur un exé-
cutoire de sa part, les récalcitrants sont obligés de payer. Ce
mode n'a jamais souffert de difficultés.

*Quels sont les lieux du canton où l'on peut de droit, par
l'usage et d'après l'expression dans les villes, faire l'application de l'exigence concédée au voisinage par l'art. 663,
Code Napoléon ?*

Depuis la promulgation du Code Napoléon, la hauteur de
la clôture dont parle l'art. 663, dans les villes et faubourgs
du canton, a été fixée par cet article. Du reste, nous n'avons
rigoureusement que Mareuil et Larochebeaucourt où cette
exigence puisse être applicable, 2 mètres 64 cent. (huit pieds).
Cependant, comme l'expression clôture ne doit pas être un
vain mot, l'usage s'est introduit que ces clôtures seraient de
deux mètres au moins dans tous les autres lieux.

Quelle doit être la hauteur exigée entre voisins ?

Pour la clôture dont il est question en l'art. 663, 2 mètres
64 centimètres (ou 8 pieds à Mareuil et à Larochebeaucourt),
2 mètres au moins partout ailleurs ; mais, pour les champs,
il n'y a ni mode, ni hauteur déterminés.

*En quels matériaux et de quelle manière doit-elle être
construite ?*

En moellon ou en pierre de taille. Le mur en moellon doit
avoir cinquante centimètres d'épaisseur ; s'il est en pierre de
taille, de onze à seize centimètres (de 4 à 6 pouces). Le mur
en moellon doit être à mortier.

Art. 631-632, Code Napoléon. — Art. 2, Sect. iv, Code
rural. — Art. 3, sect. iv, même Code. — Art. 13, sect. iv,
même Code. — Art. 15, loi du 28 pluviose an III. — Art. 17,
loi du 18 juillet 1837.— *Existe-t-il dans le canton un usage*

local, immémorial, sur le droit de vaine pâture et de parcours ?

Non ; seulement il existe dans presque toutes les communes du canton des terrains connus sous le nom de communaux. On les divise en deux catégories : communaux de commune appartenant à la généralité des habitants, et communaux de villages appartenant exclusivement aux habitants de ces villages. Dans les premiers, tous les habitants de la commune, sans distinction, y font paître leur bétail, sans limite pour le nombre. Ils y prennent des fourrages, des bruyères et du bois à leur volonté et sans quantité déterminée. Du reste, on ne connaît aucun règlement à ce sujet.

Seulement, lorsqu'on vient à partager ces derniers communaux, chaque chef de maison y prend autant de parts qu'il a d'habitations anciennes ayant cheminées dans le village, c'est-à-dire de *feux* ; parce qu'il est censé avoir réuni sur sa tête les droits qui appartenaient à d'autres et qu'il représente à lui seul. Le château n'a pas plus que la chaumière.

Quelque conseil municipal a-t-il fait un règlement sur l'exercice de ce droit ?

Non, jamais aucune mesure n'a été prise.

Art. 671, Code Napoléon. — *Distance des arbres de la propriété du voisin.*

Nous ne trouvons rien d'écrit à ce sujet, cependant quelques anciens prétendaient que le noyer, le châtaignier, le peuplier et autres grands arbres devaient être à trois mètres de distance du fonds voisin. Dans tous les cas, cet usage est tombé en désuétude, et partout on s'est conformé au Code. Deux mètres pour les arbres à haute tige et 50 centimètres pour les autres et les haies vives.

Existe-t-il des exceptions pour les arbres le long des murs, le long des fossés ou cours d'eau ?

Oui, mais seulement pour les arbres à basse tige, les autres devant être arrachés.

Quid *des bois taillés et semés ?*

Il n'y a point de distance pour les taillis, la plupart étant venus sur souche ayant plus de 30 ans. Quant aux semis, ils doivent être à deux mètres, puisqu'ils sont destinés, peut-être du moins pour quelques-uns des sujets, à devenir des arbres, et qu'ils n'ont point acquis la prescription trentenaire.

Quid *pour les jardins des villes ?*

Il y a pleine exception pour les jardins des villes; ces jardins étant généralement clôturés de murs,. les racines de l'arbre trouvent un obstacle qui les empêche, en quelque sorte, d'aller chez le voisin. Quant aux branches, on peut les faire élaguer, à moins qu'on ne préfère ramasser les fruits qui en tombent.

Art. 637 et 639, Code Napoléon. — *La servitude du tour d'échelle est-elle généralement reconnue dans le canton?*

Oui, le tour d'échelle se reconnaît par la toiture, lorsqu'elle fait avancement. Il est ordinairement du double de cet avancement. Cependant, le propriétaire qui, en bâtissant, prend tout son terrain semble avoir renoncé à ce droit. Mais souvent, comme ce tour d'échelle lui est indispensable, il pourra l'exercer en payant une juste indemnité à son voisin.

Art. 674, Code Napoléon. — *Existe-t-il dans le canton un règlement sur les objets spécifiés dans cet article?*

Non, il n'existe aucun règlement.

A défaut de règlement, quel est l'usage :

Pour les puits ?

Il n'est point établi de distances ; seulement, le puits doit être bien cimenté, de manière que les eaux ne puissent s'infiltrer chez le voisin.

Pour les fosses d'aisances?

Il n'en est pas de même des fosses d'aisances, elles doivent être séparées du terrain voisin par un mur en pierre de taille de 50 centimètres au moins d'épaisseur, être pavées de la même manière, couvertes et entourées de murs ou de planches.

Pour les âtres, forges, fours et fourneaux?

Les âtres, forges et fourneaux doivent avoir aussi un contre-mur de même épaisseur.

A l'égard des fours à cuire le pain, il faut laisser ce qu'on appelle le tour du chat, c'est-à dire un espace de 17 cent. entre le four et la propriété voisine.

Pour les étables?

Pour les étables et les magasins de sel, comme pour les fosses d'aisances.

Pour les dépôts de fumier?

Même contre-mur pour les dépôts de fumier, avec fosse dans la terre, pour éviter l'écoulement.

Art. 1758, 1738, 1759, 1736, Code Napoléon. — *Si rien ne constate que la location d'une maison, d'un appartement, d'une chambre, d'une usine, soit faite à l'année, au mois ou au jour, quel est l'usage des lieux pour l'application des art. 1758 et 1759, Code Napoléon?*

Dans le cas prévu, le bail est censé fait pour trois mois à l'égard des maisons, des appartements et des chambres. Mais il en est autrement pour une usine : le bail est au moins pour un an. Dans l'un, on doit donner congé trois mois d'avance, et dans l'autre, six mois.

Si rien ne constate que la location soit faite pour un temps déterminé, ou s'il est certain qu'elle est faite au jour, au mois ou à l'année, est-il d'usage que les termes seront payés d'avance ?

Non, il n'y a rien de fixé à cet égard.

Le congé peut-il être donné dans le cours du terme, ou seulement à chaque échéance ?

Il peut être donné dans le cours du terme, mais il n'aura son effet, quant aux maisons, qu'après trois mois du terme échu, et quant aux biens ruraux, qu'au bout de l'année nécessaire pour ramasser les fruits pendants par branches et racines.

Il est bien entendu que quoique le premier ait prolongé sa jouissance de quelques jours après l'expiration du congé, il ne peut invoquer la tacite reconduction.

Les frais du congé sont à la charge de celui qui l'a fait donner.

Art. 1753, Code Napoléon. — *Est-il d'usage, dans le canton, que les sous-locataires fassent des paiements avant le terme échu, de telle sorte qu'on ne puisse, dans ce cas, en vertu de l'art. 1753, Code Napoléon, les regarder comme faits par anticipation et collusoirement ?*

Les règles établies par les locataires sont applicables aux sous locataires. Cependant, on ne peut regarder comme fait collusoirement le terme payé par avance. Du reste, le juge étudie les circonstances.

Art. 1754 et 1755, Code Napoléon. — *Le locataire est-il assujetti à des réparations locatives et de menu entretien ? Quelles sont-elles ?*

Il est tenu de faire ramoner les cheminées, de fermer les gouttières survenues aux toitures pendant sa jouissance ; d'entretenir les cordes aux puits, les lattes et échalas des vignes dans le jardin. Il est aussi chargé de toutes les autres réparations dont parle l'art. 1754, à moins qu'elles n'aient été occasionnées par vétusté ou force majeure (art. 1755). Enfin, il est tenu du logement militaire et autres charges de ville. Le cas échéant, on peut aussi lui appliquer l'art. 1735.

La vidange des fosses d'aisances et autres charges que celles ci-dessus prévues, sont pour le compte du propriétaire.

S'il loue en garni, en est-il exempt ?

Non. Du reste, dans nos campagnes, on loue peu en garni.

En cas de mort dans un garni, les héritiers sont-ils tenus à une indemnité ?

Oui, le mort saisit le vif, les obligations respectives ne perdent rien de leur force et de leur caractère.

Art. 1780, 1134, 1159, Code Napoléon. — *Les domestiques, hommes et femmes, sont-ils de droit loués pour une période de temps déterminée ?*

Généralement oui, pour un an. Cependant à la campagne et pour les travaux des champs, on loue souvent pour 6 mois, 3 mois, 2 mois et même 1 mois.

Peut-on, sans cause grave, renvoyer les domestiques avant le terme ?

Non.

Les domestiques peuvent-ils quitter ?

Non.

Existe-t-il un délai de grâce entre la sortie et le congé, tant en faveur du maître que du domestique ?

Oui, ce délai est au moins de huit jours.

Doit-on une indemnité, et comment se calcule-t-elle ?

Oui, elle est fixée par le juge, qui apprécie les raisons et les circonstances. En ville, généralement, on ne doit et on ne reçoit aucune indemnité après les huit jours de délai de grâce ; car cette catégorie de domestiques ne s'occupe, à proprement parler, que des affaires de la maison, qui sont toujours ou à peu près les mêmes, et qu'ensuite il est plus facile au domestique de ville de trouver une nouvelle condition et au maître un autre domestique que s'ils habitaient la campagne.

Mais à la campagne c'est autre chose ; supposez un domestique loué pour une année et pour les travaux des champs, à partir du premier mars, époque de l'ouverture des grandes occupations. Son maître lui donne congé le 1er novembre, à l'entrée de l'hiver, parce qu'il ne lui est plus nécessaire. Que fera ce domestique ? Il ne trouvera pas, ou très-difficilement une autre condition ; conséquemment, il aura bientôt mangé pendant les quatre mois de la saison rigoureuse ce qu'il aura gagné les huit autres mois. N'est-il pas juste que le maître qui a profité de la belle saison supporte la mauvaise ?

Le même esprit d'équité doit être appliqué au maître, si le domestique, après avoir passé l'hiver, partait à l'arrivée de la belle saison et des grands travaux.

Quid *des ouvriers et journaliers ?*

L'ouvrier, le journalier qui abandonne son travail, surtout s'il est à l'entreprise, doit une indemnité à celui qui l'emploie. Cette indemnité est déterminée par experts nommés amiablement ou par le juge.

Le maître qui renvoie, le domestique qui s'en va, après l'hiver, au moment des travaux, sans cause suffisante, ne se doivent-ils pas une indemnité plus considérable ?

Assurément oui, d'après les raisons ci-dessus déduites.

Quel est le salaire d'un valet de charrue?

Au moment où, la première fois, nous répondions à cette question, ce salaire était de 100 à 120 fr., mais depuis, les temps ont bien changé; il est aujourd'hui (1864) de 150 à 180 fr.

D'un journalier?

En été : 60 c., s'il est nourri, et 1 fr. 25 c., s'il ne l'est pas.

En hiver : 50 c., dans le premier cas, et 1 fr., pour le second.

Mais la même progression que pour le valet de charrue est arrivée pour le journalier.

En été : de 75 c. à 1 fr., nourri; de 1 fr. 50 à 1 fr. 60, non nourri.

En hiver : 60 c., nourri, et 1 fr. 40, non nourri.

Art. 1763, 1847, 1777, 1774, 1775, 1776, 1739, 1800, 1818, 1866, 1828, 1829, Code Napoléon. — *Quel est l'usage du canton en ce qui touche le bordier, métayer ou colon partiaire ?*

L'usage est conforme aux art. 1763, 1847, 1777, Code Napoléon. A l'égard de l'art. 1775, le bail du bordier, du métayer et du colon partiaire se continue par tacite reconduction, si les parties ne se sont pas donné congé au moins six mois d'avance. En un mot, le bail ne cesse point de plein droit à l'expiration du temps pour lequel il est fait (art. 1774) ; il se continue aux termes de l'art. 1776, qui est de rigueur, et aux mêmes conditions que précédemment. — Il est observé que ces sortes de baux sont rarement faits pour un temps excédant un an. — Lorsqu'il y a congé signifié, le premier, quoiqu'il ait continué sa jouissance, ne peut invoquer la tacite reconduction. (Art. 1739.)

Rien de contraire à l'art. 1800.

Quid *du colon partiaire qui ne l'est pas d'une entière métairie?*

L'art. 1818 n'est jamais mis en pratique, mais bien le cheptel simple, art. 1804 et suivants jusqu'à l'art. 1817 inclusivement.

La société entre colons existe de plein droit jusqu'à séparation et par dérogation à l'art. 1866 ; la prorogation de cette société n'a pas besoin d'être prouvée par écrit.

Tous ceux qui ont atteint 14 ans révolus prennent une part égale à ceux bien plus âgés qu'eux. C'est ce qu'on appelle faire *tête*.

Dans la pratique, cet usage donne le plus grand embarras à la justice. En effet, ne faudrait-il pas un inventaire, une liquidation, un acte quelconque, pour établir l'état de la société au moment où un nouveau membre est arrivé à ses 14 ans révolus, car ce n'est qu'à partir de cette époque qu'il fera tête? Jamais cette formalité n'a été remplie. De sorte qu'à la séparation les comptes deviennent impossibles ; il est obligé, presque toujours, d'invoquer le livre du maître pour les cheptels, les bénéfices, les fournitures, etc. Aussi le tout, *forcément*, est réglé par une transaction.

L'art. 1828 n'est point mis en pratique. Le cheptel finit avec le bail à métairie (art. 1829).

Mêmes règles pour les colons partiaires.

Existe-t-il dans le canton un autre mode d'exploitation que la métairie, et qu'est-il, dans ce cas, établi par l'usage?

Généralement non ; cependant il est quelques propriétaires qui donnent à exploiter au tiers, au quart ; mais alors ils sont tenus aux labours, à la conduite des fumiers et des récoltes ; le colon partiaire n'ayant ni charrettes, ni bestiaux à sa disposition.

Le métayer ou bordier est-il tenu de contribuer à l'entretien des bâtiments ?

Il ne contribue qu'à l'entretien de la couverture des bâtiments ; à eet égard, le maître fournit les matériaux et paie l'ouvrier ; le métayer ou bordier le nourrit, à moins qu'il n'ait été fixé une somme pour en tenir lieu.

Quel est l'usage pour le cheptel des brebis et moutons ? Estime-t-on le troupeau ou le donne-t-on par compte ?

Le cheptel de brebis et moutons est régi par les articles comprenant la section II du cheptel simple, dont nous allons suivre les articles, parce qu'il a quelques dérogations.

Les art. 1804, 1805, 1806 sont observés. Dérogation aux art. 1807 et 1810. Que le cheptel périsse en entier ou en partie, par cas fortuit ou autrement, la perte est supportable par moitié. Les art. 1811, 1812, 1813, 1814, 1815, 1816 et 1817 sont suivis.

Le troupeau est livré au preneur ou en estimation ou par compte, mais le premier cas est le plus généralement adopté.

En cas de déficit, paie-t-on les têtes manquant à un prix fixe ? Quel est ce prix dans le canton ?

Généralement non ; les animaux restant sont estimés à la fin du bail, et la différence se paie en argent ; mais si le cheptel a été fait par tète, c'est-à-dire tant de moutons, tant de brebis et tant d'agneaux, les têtes manquant sont portées, savoir : le mouton, à 6 fr., la brebis, à 3 fr., et l'agneau, à 1 fr. 50.

A qui reste la paille dans le colonage partiaire ?

Au sol ; le maître la prend mais à la charge de la convertir en fumier qu'il conduira pour le service de ce même sol.

Lorsque l'assolement est biennal, peut-on renvoyer le

colon partiaire après une première récolte, ou doit-il en recueillir deux ?

Jamais les terres ne se reposent, par conséquent point de jachères. On peut donc renvoyer le colon au bout de l'an, si on lui a donné congé au moins 6 mois d'avance.

Le métayer peut-il employer les bestiaux pour son compte hors de la métairie ?

Certainement non ; cependant on lui passe quelques journées pour son meunier, son maréchal, parfois pour son tailleur.

Puis, un rigorisme trop forcé de la part du maître, pour ces petites choses, lui ferait une mauvaise réputation, ainsi que nous l'avons dit au titre du métayage.

Peut-il vendre le lait des vaches ?

Non, il est destiné à la nourriture du bétail.

L'achat des fers, l'entretien des outils, se paient-ils par moitié entre le maître et le métayer ?

Oui, même le traitement et pansement des bestiaux.

Qu'elles sont les époques d'entrée et de sortie pour les métayers et les bordiers ?

Entrée et sortie à la même époque, savoir : pour le métayer, au 8 septembre, et pour le bordier, au 29 du même mois.

Quel est le délai pour donner congé.

Six mois pour le métayer, au plus tard le 8 mars, et pour le bordier, au 29 du même mois.

Estime-t-on les foins et les pailles à l'entrée du métayer ou bordier ? Profite-t-il, à sa sortie, de l'excédant, ou tient-il compte du manquant ?

Non ; seulement il lui est interdit de faire manger, dans

l'année de sortie, le foin des prés naturels de cette même année, ainsi que nous l'avons expliqué au titre du métayage.

A la sortie, comment se partagent les pommes de terre et les châtaignes, denrées destinées à l'élève du bétail?

Les pommes de terre se partagent par moitié ; quant aux châtaignes, attendu qu'il les a reçues à son entrée, il est obligé de laisser celles de la dernière année, quelle qu'en soit la quantité, qualité et valeur.

Les carottes, betteraves, navets, choux et topinambours, se partagent par moitié.

Le métayer sorti n'a plus le droit de se servir des bœufs et de la charrette de la métairie ; il est obligé d'employer ceux du domaine où il est allé pour conduire sa part. — Le métayer entrant transporte avec ses bœufs, de lui entrant, la part du maître qui, d'ailleurs, est destinée à la nourriture du bétail, sauf à faire compte.

Le métayer peut-il en vendre?

Assurément non.

Les vignes qui ne font pas partie des métairies sont-elles données à moitié fruit à un vigneron, ou cultivées à prix d'argent?

L'un et l'autre mode sont employés, plus généralement le premier que le second.

Le vigneron qui a planté à ses frais une vigne et l'a cultivée sans rétribution acquiert-il le droit, par l'usage, de jouir de cette vigne un certain nombre d'années?

Oui, ordinairement pour 29 ans. (Voir au titre *Bail à complant.*)

Le maître peut-il le contraindre à la travailler durant le même nombre d'années?

Oui, ce n'est pas douteux, et ce cas se voit très-rarement, car il n'est pas de l'intérêt du preneur d'abandonner la vigne lorsqu'elle est dans sa force. Le maître, au contraire, voudrait la lui enlever. (Voir, au titre *Bail à complant*, ce que nous en avons dit.)

Quid des sarments lorsque la vigne est cultivée à moitié fruit.

Presque toujours ils appartiennent au preneur en totalité.

Le vigneron à moitié fruits paie-t-il une portion de l'impôt ou toute autre redevance ?

Rarement il paie un impôt, mais quelquefois il donne une paire de poulets.

Art. 1159, 1135, 1775, Code Napoléon. — *Quelle est la mesure de la barrique, pièce, fût, charge, dans le canton ?*

200 litres pour la barrique, 300 litres pour la pièce, 100 litres pour la charge. (Le mot *fût* comprend généralement ces trois contenances.)

Le vin se vend-il avec la futaille ?

Rarement.

Quid *des fossés ?*

Le propriétaire prend tout son terrain, d'où résulte le plus grand inconvénient, l'éboulement des terres du voisin dans le lit du fossé. Pour l'éviter, il serait prudent de laisser entre le fossé et le terrain du voisin un certain espace, ne serait-il que de seize centimètres.

Quid *de l'enclave ?*

En cas d'enclave, il serait bien, autant que possible, que les assolements fussent les mêmes dans l'intérêt du fonds asservi, d'abord pour répondre à ce principe, que l'on doit jouir en bon père de famille sans causer de dommage, et ensuite pour mettre en pratique cette question de haute moralité : « Ne fais pas à autrui ce que tu ne voudrais pas qu'on te fît. »

Quid *de la volaille tuée dans un champ ensemencé?*

Après avertissement préalable, le propriétaire ou colon d'un champ ensemencé peut tuer les volailles de toute espèce commettant du dégât, mais il ne peut les manger ni en faire son profit particulier. Voir ce que j'ai dit dans mon enquête agricole.

Quid *des truffes? A qui appartiennent-elles?*

La truffe vient ordinairement dans les pays incultes et stériles; ne demandant, pour ainsi dire, aucune culture et aucun soin, elle ne peut appartenir pour aucune part au métayer; seulement, il a droit à une indemnité pour le cas, assez rare du reste, où les récoltes auraient été détruites par la recherche de la truffe.

Le fermier a le même droit que le propriétaire. (Voir notre étude sur la truffe.)

Quid *des animaux vendus au poids sans autre explication?*

Pour les races bovine et ovine, la peau, la tête, le ventre et les pieds ne se pèsent point, ils appartiennent à l'acheteur, qui ne doit compte que des quatre quartiers.

A l'égard du porc, le ventre seulement appartient à l'acheteur ; mais tout le reste est pesé.

Quid *des fruits des arbres tombant sur le voisin?*

Dans la pratique, on est souvent embarrassé pour la distinction des arbres de haute tige d'avec les autres. Le prunier, le pêcher et surtout le figuier, que les romains regardaient comme si funeste, qu'ils le portaient à la plus grande distance, sont-ils de la première ou de la dernière catégorie? Il serait à désirer qu'un tableau fut annexé à cet effet à l'art. 671 du Code Napoléon.

Le voisin a le droit de les ramasser sur son terrain pour s'indemniser en quelque sorte de la perte que lui occasionne l'ombrage de l'arbre. Cependant, il est des villages où le propriétaire de l'arbre suit son fruit. Nous y voyons un grand inconvénient ; en effet, le maître de l'arbre peut occasionner des dégâts au champ de son voisin en allant ramasser ses fruits. Il est bien vrai que ce voisin peut couper *lui-même* les racines qui vont dans son champ et forcer à couper les branches qui donnent dessus. Mais que d'inimitiés peuvent en surgir! — (Art. 672, Code Napoléon.)

En vérité, un pareil usage ne saurait subsister, car, qui veut la fin veut les moyens. Exemple : Vous avez un noyer près de ma maison, bien qu'il soit à la distance voulue, les coups de vent portent vos noix dans ma cour; vous viendrez alors les y ramasser, je ne serai donc pas chez moi? — Vos noix seront tombées sur ma toiture, faudra-t-il aussi que je vous prête une échelle pour monter les y chercher et casser mes tuiles?

Quid *des terriers ou ruats ?*

Les terriers ou *ruats* sont censés appartenir au terrain supérieur, à moins de titres contraires. La raison en est simple, car ils soutiennent les terres d'en haut, qui, sans eux, couleraient dans le bas.

Il en est de même des haies et fossés qui clôturent un pré.

Supposez un pré séparé d'une terre par une haie ou un fossé, que la terre soit sans clôture des autres parts. Ne penseriez-vous point que la haie ou le fossé dépend plutôt du pré que de la terre? par cette raison, 1° que le pré est entouré des autres côtés, 2° et qu'il a dû l'être également du côté de la terre pour se préserver de tout dommage ; car des deux parcelles, évidemment le pré est celle qui a le plus d'intérêt à être fermée.

Il en est ainsi des terres dont les unes sont fermées, les autres ne le sont point.

Entre terres et bois, les terres doivent l'emporter.

Je terminerai ce recueil en engageant mes lecteurs a bien se pénétrer du sens et du contenu des art. 471 , 475 et 479 du Code pénal, qu'on pourrait nous appliquer si souvent par notre négligence et notre imprévoyance.

Toutes les fois qu'on s'est occupé de statistique dans le canton de Mareuil, on a signalé le défaut de règlement sur les baux dont chacun se sert à sa guise, notamment les meuniers, qui, changeant à volonté le système de leurs rouages sans se conformer au nivellement, font submerger des prairies entières, au grand préjudice de leurs voisins, et la plupart du temps sans bénéfice pour eux-mêmes. — Voir l'article *Commissions syndicales.)*

En France, le nom d'usage est resté aux coutumes dont il n'existe pas de rédaction ordonnée ou approuvée par le souverain. Ainsi, les recueils d'usages locaux resteront usages, quoique imprimés, jusqu'à ce qu'il plaise au législateur de les transformer en loi.

L'usage, en tout état de cause, doit être consulté. *Optimus enim legum interpres consuetudo.* Il devient partie de la loi lorsqu'elle y renvoie formellement et lui prête sa force. Le travail prescrit par M. le ministre des travaux publics offre une immense importance, mais il demande d'être fait avec une consciencieuse persévérance par des hommes pratiques et éclairés, que ne rebutent ni l'aridité du sujet, ni la multiplicité du travail, et qui se diront sans cesse : *Quorum non gloriæ nobis cura, sed utilitas fuit.*

TABLE.

FIN.

PÉRIGUEUX. — IMPRIMERIE J. BOUNET, RUE D'ANGOULÊME, 18.

www.ingramcontent.com/pod-product-compliance
Lightning Source LLC
LaVergne TN
LVHW021455170726
843501LV00005B/1673